13種麵團
教你在家做出
天然饅頭包子花捲

作者／**陳麒文**　　攝影／蕭維剛

使用本書說明

1 麵食的中文名稱。

2 適合製作的個數份量。

3 這道麵食賞心悅目的成品圖。

4 材料一覽表，確實秤量麵團、餡料等，是製作成功的基礎。

5 依據麵食製作程序，設計醒目的標題。

6 這道麵食所屬單元。

7 詳細的步驟圖與解說，讓你在操作過程更容易掌握重點。

8 陳老師的貼心叮嚀，也是製作過程的關鍵技巧。

9 這道麵食所屬頁碼。

隨心所欲玩出多彩無負擔麵食

一直熱愛中式麵食點心的我，從第一本著作《名師親授黃金配方！中式麵食點心》到第二本《最愛吃米食》，主題皆是中式麵點。這次與深耕食譜圖書出版數十年的橘子文化合作，麒文肯定團隊的專業度、製書品質與行銷多元，是值得信賴的好伙伴。

「純天然、無負擔」的食材是我教學生涯持續傳達的理念，多次從學生、讀者互動中得知希望學到「非色素、不要有過度加工的天然麵食」，當中又以可兼具點心與三餐食用的饅頭、包子、花捲最受歡迎。當我看到主編小燕姐的新書企劃，驚喜對上健康無負擔，更重要的是也顧及近幾年發酵麵食流行的天然彩色麵團、造型變化，希望讓喜歡麵食的老手、第一次做麵點的新手都能快速完成，於是我欣喜著手籌備及書寫。

這本書品項絕對有別於前兩本書，麒文挑選13種不同顏色麵團、15種甜鹹餡，並透過步驟圖教學，讓你短時間可完成50道造型，比如蝴蝶、玫瑰花、兔子等，並整理學生常碰到的問題，透過 Q & A 說明製作麵團、餡料、造型、蒸製等重點，希望能降低失敗率。再分享內容之一，主編在拍攝時另出功課給我，書中有13種顏色麵團蒸製前後的對照圖，可以清楚看到「天然顏色」變化。

拍攝期間，非常感謝攝影師小剛哥和主編小燕姐（這是與主編第三次合作），你們的專業讓本書拍攝更精美，接著謝謝就像我孩子的孟遠，全程拍攝從早到晚不離不棄、盡心盡力當稱職助手，讓拍攝非常順利，以及感謝明瑾長期以來的支持，和我工作上的好伙伴廠商大古鑄鐵、萬記貿易有限公司的信賴支持，以上麒文銘記在心，最後期盼喜歡這本書的讀者更喜歡麵食、全家人吃得更健康並帶來幸福感。

中式麵點專家／元培醫事科技大學餐飲管理系老師

陳麒文

感謝學生孟遠（左）拍攝期間盡心當稱職助手，讓拍攝非常順利。

Contents
目錄

使用本書說明 ⋯⋯⋯⋯⋯⋯⋯⋯ 02

作者序

隨心所欲玩出多彩無負擔麵食⋯⋯ 03

Basis 0
操作成敗「基礎課」

需要準備的器具材料⋯⋯⋯⋯⋯ 06

學會基本功事半功倍⋯⋯⋯⋯⋯ 09

天然色彩與麵團蒸前蒸後對照⋯ 16

最想知道的Q＆A問答集 ⋯⋯⋯ 19

Part 1
製出天然「麵團餡料」

紫薯麵團（紫）⋯⋯⋯⋯⋯⋯ 28

基本麵團（白）⋯⋯⋯⋯⋯⋯ 31

可可麵團（深褐）⋯⋯⋯⋯⋯ 32

雜糧麵團（淺褐）⋯⋯⋯⋯⋯ 33

薑黃麵團（黃）⋯⋯⋯⋯⋯⋯ 34

竹炭麵團（黑）⋯⋯⋯⋯⋯⋯ 35

紅麴麵團（紅）⋯⋯⋯⋯⋯⋯ 36

黑糖麵團（咖啡）⋯⋯⋯⋯⋯ 37

抹茶麵團（綠）⋯⋯⋯⋯⋯⋯ 38

梔子麵團（橘）⋯⋯⋯⋯⋯⋯ 39

蝶豆花麵團（藍）⋯⋯⋯⋯⋯ 40

鮮奶麵團（乳白）⋯⋯⋯⋯⋯ 41

火龍果麵團（粉紅）⋯⋯⋯⋯ 42

紅豆餡⋯⋯⋯⋯⋯⋯⋯⋯⋯ 44

熟紅豆粒⋯⋯⋯⋯⋯⋯⋯⋯ 46

黑芝麻餡⋯⋯⋯⋯⋯⋯⋯⋯ 46

芋泥餡⋯⋯⋯⋯⋯⋯⋯⋯⋯ 47

綠豆餡⋯⋯⋯⋯⋯⋯⋯⋯⋯ 48

爆漿珍奶餡⋯⋯⋯⋯⋯⋯⋯ 49

奶黃流沙餡⋯⋯⋯⋯⋯⋯⋯ 50

海鮮餡⋯⋯⋯⋯⋯⋯⋯⋯⋯ 53

菜肉餡⋯⋯⋯⋯⋯⋯⋯⋯⋯ 54

竹筍餡⋯⋯⋯⋯⋯⋯⋯⋯⋯ 56

叉燒餡⋯⋯⋯⋯⋯⋯⋯⋯⋯ 57

香腸起司餡⋯⋯⋯⋯⋯⋯⋯ 58

泰式打拋豬餡⋯⋯⋯⋯⋯⋯ 59

獅子頭餡⋯⋯⋯⋯⋯⋯⋯⋯ 60

素食餡⋯⋯⋯⋯⋯⋯⋯⋯⋯ 61

Part 2
做出幸福感「饅頭」

玫瑰花饅頭⋯⋯⋯⋯⋯⋯⋯ 64

青花瓷火腿饅頭⋯⋯⋯⋯⋯ 67

一口小饅頭⋯⋯⋯⋯⋯⋯⋯ 70

盛開花朵饅頭⋯⋯⋯⋯⋯⋯ 72

紅心芋頭酥饅頭⋯⋯⋯⋯⋯ 74

粉紅三絲捲⋯⋯⋯⋯⋯⋯⋯ 77

甜甜圈饅頭⋯⋯⋯⋯⋯⋯⋯ 80

貓咪手撕饅頭⋯⋯⋯⋯⋯⋯⋯ 82

丸子三兄弟饅頭⋯⋯⋯⋯⋯⋯ 84

法國長棍饅頭⋯⋯⋯⋯⋯⋯⋯ 86

粉紅貓掌饅頭⋯⋯⋯⋯⋯⋯⋯ 88

可愛領結饅頭⋯⋯⋯⋯⋯⋯⋯ 90

雪糕饅頭⋯⋯⋯⋯⋯⋯⋯⋯⋯ 93

肉鬆麵包饅頭⋯⋯⋯⋯⋯⋯⋯ 96

黑糖雙色饅頭⋯⋯⋯⋯⋯⋯⋯ 98

棉花糖小饅頭⋯⋯⋯⋯⋯⋯⋯ 100

Part 3

包出好滋味「包子」

雙色麥穗包⋯⋯⋯⋯⋯⋯⋯⋯ 104

大吉大利福袋包⋯⋯⋯⋯⋯⋯ 107

琉璃小籠包⋯⋯⋯⋯⋯⋯⋯⋯ 110

可愛竹筍包⋯⋯⋯⋯⋯⋯⋯⋯ 113

芋泥三角包⋯⋯⋯⋯⋯⋯⋯⋯ 116

喜宴紅兔包⋯⋯⋯⋯⋯⋯⋯⋯ 119

海洋貝殼包⋯⋯⋯⋯⋯⋯⋯⋯ 122

爆漿珍奶核桃包⋯⋯⋯⋯⋯⋯ 125

紅白獅子頭包⋯⋯⋯⋯⋯⋯⋯ 128

松茸香腸起司包⋯⋯⋯⋯⋯⋯ 131

薯芋花朵包⋯⋯⋯⋯⋯⋯⋯⋯ 134

三色餛飩包⋯⋯⋯⋯⋯⋯⋯⋯ 137

黑金奶黃流沙包⋯⋯⋯⋯⋯⋯ 140

脆皮水煎包⋯⋯⋯⋯⋯⋯⋯⋯ 142

時尚皇冠包⋯⋯⋯⋯⋯⋯⋯⋯ 144

泰式風味粉紅包⋯⋯⋯⋯⋯⋯ 147

螺旋琉璃包⋯⋯⋯⋯⋯⋯⋯⋯ 150

菊花造型包⋯⋯⋯⋯⋯⋯⋯⋯ 153

Part 4

捲出多樣化「花捲」

飛舞蝴蝶花捲⋯⋯⋯⋯⋯⋯⋯ 158

粉粉愛心花捲⋯⋯⋯⋯⋯⋯⋯ 161

編織香腸花捲⋯⋯⋯⋯⋯⋯⋯ 164

雙色蜜桃捲⋯⋯⋯⋯⋯⋯⋯⋯ 167

棒棒糖花捲⋯⋯⋯⋯⋯⋯⋯⋯ 170

鮮奶起司花捲⋯⋯⋯⋯⋯⋯⋯ 172

螺旋熱狗捲⋯⋯⋯⋯⋯⋯⋯⋯ 174

紫芋花捲⋯⋯⋯⋯⋯⋯⋯⋯⋯ 176

暖暖圍巾花捲⋯⋯⋯⋯⋯⋯⋯ 178

香蔥火腿花捲⋯⋯⋯⋯⋯⋯⋯ 181

繽紛花圈捲⋯⋯⋯⋯⋯⋯⋯⋯ 184

抹茶紅豆花捲⋯⋯⋯⋯⋯⋯⋯ 188

肉鬆蔥蛋花捲⋯⋯⋯⋯⋯⋯⋯ 190

立體花朵捲⋯⋯⋯⋯⋯⋯⋯⋯ 192

三色螺旋花捲⋯⋯⋯⋯⋯⋯⋯ 195

粉紅玉米起司捲⋯⋯⋯⋯⋯⋯ 198

需要準備的器具材料

| 器具類 |

| 蒸籠 |

依個人喜好挑選竹製、鋁合金或不鏽鋼材質，詳細優劣比較參見P.15。

| 電鍋 |

復熱饅頭包子花捲、發酵麵團、蒸熟豆類與芋頭餡料等，非常方便的家電。

| 切麵刀 |

有塑膠材質及鐵材質，可分割麵團或造型使用。

| 筷子 |

常見於花捲類繞製使用，也可架在蒸籠蓋與蒸籠之間，讓蒸氣產生時有縫隙散出。

| 果汁機＆均質機 |

主要用來攪打蔬果成泥，並過濾取汁加入麵團中形成顏色，這是最天然的顏色食材。

| 置涼架 |

蒸好的產品冷卻使用，涼架的鏤空設計更容易散熱。

| 攪拌盆 |

混合麵團或餡料材料的容器，購買稍微大的容量，能避免材料溢出及有足夠空間攪拌。

| 毛刷 |

多功能用途，能刷除麵團表面多餘的粉，亦可沾水或油刷於麵團。

| 圓頭塑型工具 |

製作翻糖蛋糕常用的塑型工具，本書最常用圓頭在麵團表面塑出凹洞。

| 不沾紙 |

又稱饅頭紙、蒸籠紙，墊於麵點下方，可以防止饅頭蒸好後黏於蒸鍋，也方便取出。

| 擀麵棍 |

有木製及塑膠材質，用來擀平麵團及造型，可挑選適合自己的材質即可。

| 壓模 |

透過各種形狀的壓模可做出更多造型，比如不同尺寸的圓形、花朵、星形壓模。

| 透明蓋 |

造型時未用到的麵團可蓋透明蓋，能防止空氣造成麵團表皮乾燥，而且透明蓋可清楚看到不同顏色麵團的放置位子。

| 布巾＆蒸飯巾 |

布巾（左）包在鋁製或不鏽鋼蒸鍋蓋，可吸收水蒸氣；蒸飯巾（右）平鋪蒸籠內，其孔洞可使產品受熱均勻。

| 刀＆剪刀 |

用來剪或劃麵團的造型工具，比如剪兔耳朵、劃法國長棍饅頭的凹痕。

| 桌上型攪拌機 |

節省時間和力氣攪拌麵團的好幫手，讓麵團材料輕鬆攪拌均勻及光滑成團。

| 電子秤＆計時器 |

電子秤是秤量各種材料的電子儀器；計時器可計時麵點發酵和蒸熟時間，能避免時間差而影響產品的成敗。

| 平底鍋＆湯鍋 |

平底鍋的鍋底比炒鍋寬，可以1次煎較多麵點，而鑄鐵材質導熱快、保溫性佳，也適合煎水煎包。湯鍋的鍋身較深，適合煮醬汁或炒餡料，書中餡料篇經常會用到的鍋具。

材料類

中筋麵粉 & 低筋麵粉

麵粉依蛋白質含量高至低分為高筋、中筋、低筋。市面上有包裝標示特級中筋粉心麵粉、低筋粉心麵粉，「粉心」意指小麥最中心部位所製的麵粉，又稱粉心粉，所含灰份含量最低、顏色比較白、粉質較綿細。使用法：特級中筋粉心麵粉同中筋麵粉、低筋粉心麵粉同低筋麵粉。

高糖速溶酵母

幫助麵團發酵的材料，高糖酵母對糖的耐受程度可超過8%以上(即糖含量高於麵粉總重8%)，適合做含糖量高的產品，使產品更容易成功。

沙拉油

由大豆所製的液體油，也可換成橄欖油，麵團材料含適量沙拉油能增加延展性、降低產品老化，或刷於麵皮使蒸好的花捲紋路更有層次感。

全脂奶粉

牛奶脫去水分後製成粉末即是奶粉，主要增加香氣、提升口感，全脂牛奶味道比較香濃，可製作奶黃流沙餡P.50。

細砂糖

由蔗糖精煉而成的細小結晶體，能提供酵母養分、增加產品甜味。

鏡面果膠

用於黏著裝飾食材或塗於蛋糕表面的水果，具附著力及增加光澤度。

水

揉合麵粉的液體，有助酵母產生活性，也可換成冷開水或礦泉水。

食用裝飾材料

銀色糖珠又稱銀珠、糖珠或彩糖，有不同顏色和尺寸；巧克力米主原料為巧克力，加工後像米粒的多色巧克力米。

學會基本功事半功倍

饅頭包子花捲製作流程

　　製作饅頭、包子、花捲的材料看似簡單，但製作過程有一定程序、需要多注意的細節，千萬別小看這些過程，或尚未開始操作就急著修改配方減糖減油，產品能成功且漂亮，其材料與過程缺一不可。為了讓各位熟記整個製程（從製作麵團到蒸製完成），麒文老師在書寫食譜也貼心依此順序呈現，讓麵點新手、老手皆可快速理解及學到許多訣竅，總有一天肯定能做出外觀滿分又好吃的產品喔！

Step 1 / 準備

　　先找到想做的麵點食譜，依所列需要的麵團種類開始準備材料，確實秤量每樣材料後，就可過篩粉類（例如：麵粉），粉類因天氣不穩或打開後的儲存方式而容易受潮結塊，過篩後的粉類也會影響麵團的細緻度。若想做包子類，則同步準備餡料（餡料可當天製作或提早 1～2 天完成並冷藏，甜餡還能分裝冷凍）。

Step 2 / 攪拌

　　利用桌上型攪拌機或手揉方式混合麵團材料（也是加天然色粉或蔬果汁的調色時間點），攪拌至麵團不黏盆也不黏手狀態。兩者操作流程一樣，攪拌差別在於手揉方式需要花比較多時間且費力，更容易因手溫而影響麵團光滑和發酵，所以建議以機器操作的麵團光滑且所有材料混合效果較佳。

Step 3 / 排氣

剛拌好的麵團，需要移至桌面進行排氣步驟，透過搓長、壓、折重複 3 次，讓麵團內的空氣徹底排出，能防止蒸好的產品表面不光滑、組織孔洞不均勻，排氣完成後將麵團滾圓即可，麵團排氣手法見 P.11。

Step 4 / 分割造型

依食譜需求分割餡料、各色麵團重量，麵團再一一滾圓使收口密合表面光滑後接著造型，視造型可用擀、捲、壓、夾、剪、切等手法搭配工具捏塑。造型速度需要快，速度太慢、每個捏塑完成間隔太久，易導致發酵時間不一致，也會影響蒸製的結果。

Step 5 / 發酵

麵團造型後，內部空氣被擠出使麵團組織更緊密，此刻需要發酵至原來 1.6 倍大，使麵團再次充滿氣體，蒸製後的產品組織鬆軟有彈性。影響發酵成敗的原因來自氣溫，夏天氣溫高發酵時間短、冬天氣溫低發酵時間長，為了不被氣溫影響，所以本書提供電鍋、烤箱的發酵方式，參見 P.12 ～ 13。

Step 6 / 蒸熟

可用竹蒸籠、不鏽鋼蒸籠、鋁合金蒸籠來蒸熟麵點，熟製時間必須視體積大小、火候決定。火候適合用中火，蒸好時先關火燜 2 分鐘再平行慢慢移開鍋蓋。

Step 7 / 後製

部分產品蒸熟後放涼，可進行後製加工讓麵點跳脫傳統外觀或吃法，例如：刷上美乃滋並鋪肉鬆、擠上融化巧克力、撒上防潮糖粉、刷上鏡面果膠後黏上銀色糖珠或彩色巧克力米等。

麵團冷藏保存的技巧

麵團若一次無法用完，可以放入塑膠袋並把袋口封緊（防止麵團乾裂）冷藏保存兩天，超過兩天則酵母的活動力則開始下降，將影響產品的發酵程度，就不宜使用了。冷藏後的麵團從袋中取出後先放入攪拌缸，以中速拌打 3 分鐘，再放桌上進行排氣，排氣後就可造型。

可在袋子上標示麵團名稱，包覆完整再冷藏。

搓長壓折排氣手法

　　透過攪拌機或手揉成團不黏手的麵團，下一步就是進行排氣，讓麵團內的空氣完全排出，麵團不能有氣泡，若氣泡沒有消失則組織容易形成空洞，進而影響蒸熟的產品口感，所以排氣步驟必須確實，只要熟記此口訣，就有機會蒸出細緻光滑的麵皮，大家趕快試試看吧！

排氣口訣

Step1	Step2	Step3	Step4

麵團搓長約30cm。	用手掌在麵團的一端施力壓扁至另一端。	長邊由外向內折，折成長條。	用手掌繼續壓扁麵團，重複兩次搓長、壓、折、壓。

Step5	Step6	Step7

將排氣均勻的麵團搓長後折3摺。	接著將麵團往內折，再揉壓至收口密合，收口朝下放置。	兩手掌在麵團兩側呈V字形，手掌一前一後來回滾動麵團至光滑。

麵團分割後的滾圓手法

　　拿取或分割麵團時，很容易破壞麵團切面與表面，只要經過滾圓步驟就可產生薄膜，讓麵團恢復光滑，方便後續造型更順暢且不黏手。滾圓時手上可沾少許手粉（中筋麵粉），手粉量不宜太多（容易導致麵團太乾、包餡時不易密合），粉量以不黏手能順利滾圓即可。

滾圓口訣

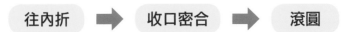
往內折 ➡ 收口密合 ➡ 滾圓

Step1	Step2	Step3	NG原因

將麵團往內折。	再揉壓數次至收口密合，收口朝下放置。	兩手掌在麵團兩側呈 V 字形，手掌一前一後來回滾動麵團至表面光滑。	滾圓時不宜太用力而導致表皮破裂，或隨意滾一滾產生許多不規則紋路。

發酵最佳幫手──電鍋、烤箱

　　大部分麵食發酵不成功的主因是酵母失去活性、發酵過頭、發酵不夠等。進行發酵時必須隨著氣溫變化調整揉麵的水溫及最後發酵的方法。比如天氣熱時用冷水或冷牛奶揉麵，盡可能在操作時讓酵母不產生作用及產氣，發酵時多利用電鍋、烤箱使發酵程度更穩定，待發酵約 30 分鐘至原來體積的 1.6 倍就可取出。

烤箱發酵法：**不需預熱＋溫度50°C**

　　造型完成的麵團放於烤箱中間層（用涼架隔開，不可直接接觸烤板），關上烤箱門，不需要預熱，轉上火 50°C / 下火 50°C（單火 50°C）進行發酵。

電鍋發酵法：**內鍋不加水＋保溫鍵**

　　電鍋內先放涼架，造型完成的麵團放入電鍋，不用加水、開關調至「保溫」進行發酵，記得勿按此鍵「煮飯」，會把麵團蒸熟了。

簡易發酵判斷法──外觀、觸碰、手拿

　　麵團發酵不足、發酵過頭，都會影響麵食產品的口感與組織，比如變得硬實、缺乏鬆軟、沒有彈性等，如下將提供簡易發酵判斷法，讓你能成功做出美味又漂亮的麵點。

發酵不足	發酵剛好	發酵過頭
麵團尚未脹大至1.6倍就拿去蒸，容易形成皺皺的皮，口感特別硬。	發酵至原來體積的1.6倍為完美發酵程度，蒸出來的產品美觀又好吃。	麵團脹大超過兩倍才蒸製，麵皮容易有許多凹洞，蒸好後質地較粗糙。

外觀 脹大至原來1.6倍

　　麵團發酵前後比對參考如下，你會發現麵團發酵後的體積脹大至原來的 1.6 倍，並且表面更光滑細緻。

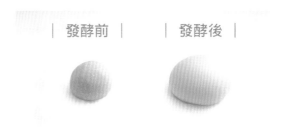

| 發酵前 | | 發酵後 |

觸碰 輕壓出凹洞有回彈

　　用手指輕壓發酵好的麵團，若凹洞有慢慢回彈表示發酵完成，若立即彈回表示還沒發好、完全不回彈表示發過頭。

| 觸碰測試 |

手拿 感受輕盈感

　　由於發酵好的產品內部充滿氣體，你可以放在手掌心秤秤看，可以感覺到整體輕盈，但實際重量並沒有增加，只是體積變大了。

蒸製方式決定最後的成敗

　　好不容易發酵完成，接下來最後一關「蒸」就更重要了，請留意如下所提重點，包含：選擇適合的蒸具、防止水蒸氣浸濕產品、產品受熱均勻等，認識這些蒸製基礎後才有機會做出完美麵點。

比較：各種蒸具與優缺點

　　蒸具種類包含竹製蒸籠、不鏽鋼蒸籠、炒鍋、電鍋，挑選哪一種蒸比較好，主要視個人使用習慣及家中現有器具為主，以下列出常用的 4 種蒸具之優缺點供參考。

種類	優點	缺點
竹製蒸籠	● 透氣良好,能避免水蒸氣聚集鍋蓋而向下滴到產品。	● 重量較重且必須等完全乾才能儲藏,以免發霉;竹蒸籠也常因鍋內水燒乾而容易燒焦。
不鏽鋼蒸籠、鋁合金蒸籠	● 重量較輕,即使未完全乾燥,則收藏時也不會有發霉的困擾。	● 鍋蓋容易積水蒸氣,而導致向下滴形成產品死麵。
炒鍋	● 家庭必備鍋具,隨手可得。	● 炒鍋底下為圓底,所以熱蒸氣上來時,則氣流將因角度不同而形成溫度忽高忽低,較難使整鍋受熱平均。
電鍋	● 只要外鍋加點水,按下開關就可加熱。	● 空間受限,每次能蒸製的數量較少,並且無法控製火候大小。

鍋內墊蒸飯巾:受熱均勻

蒸鍋通常有 3 層,最底層裝水(水量約鍋身 1/5 高度)、中間層不放任何蒸製品(能避免底鍋水滾後蒸氣往上跑而浸濕產品)、最上層才是放這些麵點,上層鍋可先鋪蒸飯巾,其表面有許多小孔洞,可使蒸氣均勻分布且蒸製品受熱更均勻。

蒸飯巾有助蒸製品均勻受熱。

鍋蓋包布巾:防止水蒸氣滴落

除了蒸籠之外,其他蒸具的鍋蓋先包覆一層布巾,在上層鍋與鍋蓋縫間架 1 支筷子,包布巾可避免水蒸氣凝結於鍋蓋,減少水蒸氣滴入產品的機會;架筷子能吸收水蒸氣,並讓熱氣順利散出。

鍋蓋包 1 層布巾可吸收水蒸氣。

鍋蓋與蒸鍋縫間架 1 支筷子。

天然色彩與麵團蒸前蒸後對照

認識天然色素與人工色素

　　許多人對於「天然」食用色素與「人工」食用色素的區別不清楚，甚至認為顏色愈鮮豔愈漂亮。然而色素因製程的不同，分成從蔬果植物萃取出來的天然色素、合成色素，依外觀再細分為油性（油類）、水性（液體）、粉狀、膏狀等，天然色素富含營養素，榨汁或乾燥磨成粉加入麵團，可為麵食添上漂亮色彩。

天然色素與人工色素比較		
分類	天然色素	人工色素
來源	● 蔬果、植物等。	● 化學合成的著色劑。
顏色	● 色調自然，彩度較低。有些色粉或蔬果汁加入麵團會產生小黑點，其為細碎籽的天然成分。	● 色調鮮豔，彩度較高。
添加量	● 為了讓顏色更明顯，有時會加入較多量。	● 只需要一點點，就可染出鮮豔色彩。
經過加熱	● 由於天然成分，加熱後稍微褪色。	● 耐高溫，加熱後依然保持鮮豔色彩。

天然色粉與食材介紹

　　書中麵團顏色有 13 種，顏色來自天然色粉和食材，只要認識它們的特性和成分，你就可依喜好加入麵團，並自由搭配於饅頭、包子、花捲食譜。

| 紫薯粉 | | 蝶豆花粉 | | 抹茶粉 |

由紫地瓜乾燥粉碎製成的天然色粉，揉入麵團呈現紫色。

蝶豆花最大特徵為亮藍色花瓣，將乾燥的蝶豆花瓣製成色粉，揉入麵團可產生藍色。

綠茶除去水分後的粉末茶品，可沖泡或加入麵糊或麵團變成綠色，亦可換成菠菜粉。

| 竹炭粉 |

以竹材燒製後精製成粉,竹炭粉含豐富天然礦物質成分,揉入麵團可呈現黑色。

| 紅麴粉 |

由紅麴米粉碎製成的色粉,可增添營養及著色,加入麵團能為產品帶來紅色外觀。

| 栀子粉 |

從栀子果實萃取出來,主成分藏紅花酸和藏紅花素,屬於類胡蘿蔔素,可調出黃色,或與栀子紅色粉混合成橘色。

| 可可粉 |

烘烤過的可可豆磨成極細的無加糖粉末,揉入麵團可呈現深褐色,又可嘗到可可風味。

| 薑黃粉 |

薑黃乾燥粉碎製成的色粉,主成分是薑黃素,可讓麵團產生漂亮黃色。

| 雜糧粉 |

多種雜糧經乾燥後研磨成粉狀,加入麵團具豐富營養素,又能做出淺褐色像鄉村麵包一樣的顏色。

| 黑糖 |

未經過完全精煉及未經離心分蜜的帶蜜蔗糖,揉入麵團可增添風味且能呈現咖啡色。

| 鮮奶 |

鮮奶或濃縮鮮奶可取代麵團部分水量,帶來豐富營養素及奶香,並讓白色基本麵團顯出乳白色。

| 紅肉火龍果 |

加熱前後差異很大的水果,鮮紅色的火龍果汁與麵粉揉合,經過蒸製將呈現粉紅色。

接續下一頁

蒸前蒸後顏色對照

　　天然色素的顏色較不穩定，深淺容易受各家廠牌及製程影響，而且每批蔬果經過光照、種植環境和溫度及和其他材料（例如：麵粉、水）混合稀釋變淡；含有花青素的蔬果，對熱非常敏感，加熱後顏色會變得暗沉；甚至拿當天蒸好與過幾天再蒸比較，它們的顏色也有差異，所以不必擔心，這也是「天然」才有的驚喜。

| 生麵團顏色 |　　| 麵團蒸好顏色 |

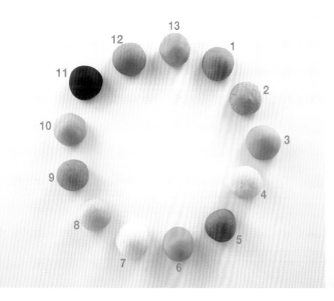

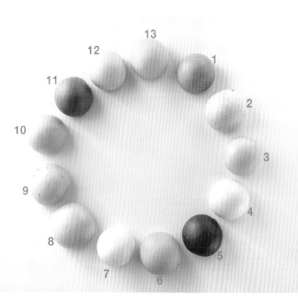

1	紅麴粉（紅）	8	紫薯粉（紫）
2	雜糧粉（淺褐）	9	紅肉火龍果（粉紅）
3	抹茶粉（綠）	10	黑糖（咖啡）
4	鮮奶（乳白）	11	竹炭粉（黑）
5	可可粉（深褐）	12	蝶豆花粉（藍）
6	薑黃粉（黃）	13	梔子紅色粉＋梔子黃色粉（橘）
7	基本麵團（白）		

最想知道的Q&A問答集

製作麵團

 1 如何決定麵團需要冷水、冰水？

 本書所有麵團的酵母量比一般麵團少，有助於大家可慢慢地搓揉麵團及造型，如果需要立刻捏塑，建議使用冷水讓酵母緩慢作用；若是麵團完成後 1 小時才開始捏塑，則建議使用冰水，讓酵母在這段期間減緩作用，保留足夠時間為麵食造型。雖然速溶酵母可直接和其他材料混合，但建議先和水或液體拌溶，再倒入粉糖中，更容易均勻分布麵團，發揮最佳發酵效果。

速溶酵母與水拌溶時，若未冒小泡泡表示酵母活動力失效。

 2 「高糖」速溶酵母與糖、麵粉的關係？

酵母和糖、麵粉在混合過程中有微妙的關係，酵母可以將糖發酵成二氧化碳釋放出來，酵母和麵粉相遇時，能讓麵粉的澱粉轉化成糖，再發酵成二氧化碳，此刻就會看到麵團逐漸發酵變大。常見的速溶酵母有兩種：高糖速溶酵母、低糖酵母，有些高糖酵母的包裝會標示「耐高糖」字樣。當遇到麵團配方的糖量比較多時，就需要高糖速溶酵母參與，糖則不破壞酵母的細胞壁，高糖酵母對糖的耐受程度可超過 8% 以上 (即糖含量高於麵粉總重 8%)，適合做一些含糖量比較高的產品。

Q3 速溶酵母的保存方式？

酵母有三種：新鮮酵母、乾酵母、速溶酵母，當中以速溶酵母最方便使用且容易保存，也建議大家優先購買速溶酵母。速溶酵母使用量很少，建議買小包裝為宜，並且用乾燥的量匙取酵母，可避免乾濕交叉使酵母酸壞，打開包裝後請密封好並放入冰箱冷藏，使用時不需要回溫即可使用。

Q4 麵團同時使用兩種麵粉之目的？

常見麵粉有 3 種，高筋、中筋、低筋，高筋麵粉所含蛋白質最高、中筋麵粉次之、低筋麵粉最少，蛋白質和水結合後會形成麵筋，麵筋愈多則麵團彈性愈大、容易回縮，則需要更多的時間鬆弛。製作饅頭包子最常使用中筋麵粉，但書中配方再加一些低筋麵粉，可以降低麵團筋性，在造型、擀捲時比較方便操作。

Q5 為什麼水量勿一次全部加？

麵團攪拌完成的重量為參考值，其重量易因麵粉的吸水性或廠牌有影響，所以配方中的水量勿一次全部加入，可留約 30 ～ 50cc，視麵團乾黏狀態決定加入量。若水量加完，麵團依然很黏，可加入少許中筋麵粉調整至不黏手。

Q6 麵團配方可等比例增減？

桌上型攪拌機是製作麵團的好幫手，可以省時又省力，若沒有此設備，也可以靠雙手揉製，只是會累一點，並且揉太久容易因手溫而影響光滑與發酵，你可依需求挑選適合的方式。麵團總重量太少時，則放入攪拌缸不容易攪拌到，所以書中的麵團總重量將以 500g 左右製作，也足以使用於書中產品的麵團最大值，若需要更多量，可將所有材料等比例增加，反之則等比例減少。

7 麵團揉好的「三光」是什麼樣子？

揉麵團需要做到「三光」，攪拌缸乾淨、麵團表面光滑、手不沾黏麵粉。這樣的麵團光滑細緻，才有足夠的麵筋支撐麵體並包覆氣泡，蒸製完成後不容易塌陷、組織更加細緻綿密，形成很好的口感。

確實做好三光麵團，產品的組織才會細緻。

8 新鮮蔬果、天然色粉麵團的顏色味道差異？

由於新鮮蔬果含水分，所以可取代麵團配方部分水量，但部分食材因營養素而不耐高溫加熱，所以蒸好後顏色較暗（例如：菠菜），所以書中改天然色粉（抹茶粉）製作綠色麵團。天然色粉做的麵團顏色比新鮮食材較容易固色，但添加量較少，所以色粉類麵團無味道，非色粉（例如：薑黃粉、可可粉、黑糖）有淡味，蔬果直接取汁加入麵團具明顯味道（例如：紅肉火龍果），紅肉火龍果的小黑點為細碎籽，千萬別以為它是髒點喔！

添加天然色粉或蔬果的麵團，比人工色素更令人安心。

9 天然色粉的保存方式？

天然色粉不宜長期光照，容易造成顏色衰退，購買時留意外包裝為不透明材質，也建議購買少量，用完再買為宜，若買到大包裝需要自行分裝，請裝入具遮光效果的容器。

攪拌餡料

 1 攪拌肉餡重點？

攪拌肉餡時，必須先加鹽讓鹽釋出肉蛋白而拌出黏性，才能接著加調味料和其他材料。拌出黏性的肉餡比較容易黏著其他食材、內餡不會四散。

肉餡因加鹽抓勻產生黏性，才能更順利黏著調味料。

 2 蔬菜必須做什麼處理？

蔬菜、青蔥等清洗後必須瀝乾水分，部分蔬菜需要拌鹽後釋出水分（例如：高麗菜），並擠乾水分，才不會因蔬菜在包裹時導致內餡出水而破皮。

 3 熱熱的餡料可立刻使用？

餡料剛炒好或蒸好的溫度還很高，必須放涼後再包入麵皮，如果餡料有熱度即使用，則容易讓餡料熱氣悶在麵團，進而導致產品酸壞，而且麵團的酵母正發酵中，將使產品內外的發酵程度非一致。

4 餡料保存方式與天數？

用不完的餡料，可依需要量用夾鏈袋或密封盒分裝，再放入冰箱冷藏或冷凍，所有餡料的保存方式和天數，請參考書中 Part1 各道所標示。甜餡的保存時間比較長且冷藏或冷凍皆宜，鹹餡若含蔬菜、肉、海鮮任一種，皆不適合冷凍，因為冷凍會產生冰晶及出水，解凍後的餡料將變成類似凍豆腐狀態，所以鹹餡宜現做現用為新鮮，或冷藏兩天內用完。

操作產品

1 造型完成的麵團持續發酵，怎麼辦？

造型動作比較慢或天氣炎熱時製作麵點，則麵團容易持續發酵膨脹，這時候將還沒用到的麵團冷藏（不建議冷凍，容易使麵團失去活力）。所以請視當次需要量準備麵團量，並且在產品蒸熟並放涼後，再各別分裝冷藏或冷凍為宜，之後復熱即可食用。

2 哪些狀態麵團需要鬆弛？

同時有中筋麵粉、低筋麵粉完成的麵團，在操作饅頭包子花捲時大部分不需要鬆弛就能繼續製作，若是需要擀長或重複擀捲造型品項，就必須鬆弛3分鐘，讓原本變緊的麵筋鬆弛下來（筋度恢復），它才會變得柔軟，以免因擀延過長導致本身筋性還存在而斷裂，也方便後續更好擀開和造型。鬆弛時需要蓋上透明蓋或鋼盆（勿使用保鮮膜，易黏住麵皮），可防止麵團表面過於乾燥結皮。

尚未捏塑的麵團先以透明蓋或鋼盆蓋好，可防止麵團乾燥結皮。

3 壓模造型後，剩餘少量麵團如何運用？

書中有些品項透過壓模或造型工具完成捏塑，會剩一些些麵團千萬別丟掉，可以將它們揉合後重新收圓成不規則紋路麵團，或是包入餡料，蒸熟後就是小饅頭、小包子。

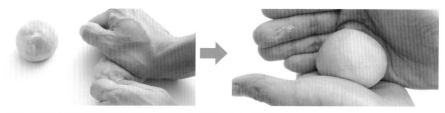

當次沒用完的麵團別浪費，可揉合後做成小饅頭。

蒸熟重點

1 蒸製火力與底鍋水量？

不宜用熱水蒸，應從冷水開始蒸（底鍋水量不用太多，蒸製過程維持鍋身 1/5 高度，不足時再加入），讓溫度逐漸增高、麵體的膨脹發展循序漸進，就能避免蒸好的麵皮塌陷與死麵。火力用中火最適合，剛蒸好時先不要打開鍋蓋，關火後可燜兩分鐘再平行移開鍋蓋，能防止鍋蓋滴落水氣或產品瞬間遇到冷空氣而皮突然塌縮。產品數量與大小會影響蒸製的時間，數量愈多、產品愈大，需要蒸的時間愈長。

2 蒸不熟或蒸過頭，影響什麼？

沒有蒸熟的麵皮不僅軟軟黏黏、容易黏牙，也不會膨脹漂亮；蒸過熟的產品，則麵皮組織容易硬掉，組織很硬難咀嚼。時間蒸剛好的麵食，則表皮光滑、輕摸表面具彈性且組織綿密。

各環節製程確實，產品剝開後的
組織較密且氣孔均勻。

3 為什麼蒸好的產品黏在一起？

 產品蒸熟後發現每個麵皮邊邊相黏，或是黏到蒸籠鍋邊，這表示放置生麵團時，忽略了彼此需要保持安全距離，因為生麵糰在加熱過程中會脹0.5～1倍，因此必須預留半個以上的空間，才能避免蒸熟後黏一起。此外，不建議排列太密，容易影響蒸製時間和熱氣無法適當對流。

 4 一層和多層蒸的結果？

不建議多層一起蒸，考量因素為受熱不均勻、底層容易受水蒸氣向上竄而弄濕麵皮。因為較下面一層最快接觸到水蒸氣，而愈上層受熱最慢，容易導致每一層的產品受熱不均勻而提高失敗率。書中食譜份量設計3～4個，剛好是家庭蒸鍋一層量，蒸鍋先鋪一層蒸飯巾再放上產品，能讓熱氣均勻加熱產品。若是一次完成較多數量，可先將未蒸的產品冷藏，能避免持續發酵。

 5 蒸好後如何保存與復熱？

 蒸好後現吃最好，也可放涼後每個分開裝，可冷藏3天或冷凍1個月，取出復熱前先放冷藏室或室溫退冰至麵皮不硬，再以蒸籠小火蒸10分鐘；或電鍋蒸，外鍋倒入1/2量米杯水，蒸至開關跳起（約10分鐘）。

產品必須各別裝，能避免全部裝入大袋而造成擠壓變形。

PART 1

製出天然「麵團餡料」

喜歡麵食的朋友，一定要學會由天然食材或色粉製成的 13 種彩色麵團，例如：紫薯麵團、薑黃麵團、可可麵團、火龍果麵團等，以及 15 種好吃甜鹹餡，例如：紅豆餡、爆漿珍奶餡、菜肉餡、獅子頭餡等，就可從麵團開始分割、造型、包餡到蒸製，不僅縮短製程，麵團顏色又能隨喜好變化於饅頭、包子、花捲。

紫薯麵團

顏色：紫 ●

重量
約 500g

材料

A

● 中筋麵粉 ⋯⋯⋯⋯⋯ 150g
● 低筋麵粉 ⋯⋯⋯⋯⋯ 150g
● 紫薯粉 ⋯⋯⋯⋯⋯⋯ 10g
● 細砂糖 ⋯⋯⋯⋯⋯⋯ 30g

● 沙拉油 ⋯⋯⋯⋯⋯⋯ 10g

B

● 水 ⋯⋯⋯⋯⋯⋯⋯⋯ 150g
● 高糖速溶酵母 ⋯⋯⋯⋯ 2g

作 法

【準備】

1 中筋麵粉、低筋麵粉混合後過篩。

【攪拌】

2 材料B放入攪拌缸，拌勻至酵母溶解。

3 再加入全部材料A。

4 先以低速攪拌1分鐘。

5 再以中速攪拌5分鐘至不黏缸的團狀。

【排氣】

6 麵團移至桌面，進行排氣後收圓，即可接續各單元的食譜操作。

接續下一頁 ➡

陳老師叮嚀：

- 剛開始攪打麵團先以低速混合，才能避免材料噴飛四濺。
- 攪拌機操作省時省力，當麵團少量時，可以先用槳狀（較容易把所有材料攪拌到）低速操作，轉中速前再換成勾狀。
- 麵團若用不完，可以放入塑膠袋並袋口封緊（防止麵團乾裂）冷藏保存兩天，超過兩天則酵母的活動力開始下降，將影響成品的發酵程度。冷藏後的麵團從袋中取出後先放入攪拌缸，以中速拌打3分鐘，再放桌上進行排氣（手法見P.11），排氣後就可造型。

手揉完成「紫薯麵團」

若家中沒有攪拌機，也能靠雙手完成麵團，本書各色麵團重量大約500g，以手製作非常輕鬆，請依如下操作就可完成光滑麵團。

【準備】

1 中筋麵粉、低筋麵粉混合，過篩於調理盆。

【攪拌】

2 材料B拌勻至高糖速溶酵母溶解。

3 再倒入作法1麵粉中。

4 接著加入細砂糖、沙拉油、紫薯粉。

5 將所有材料混合拌勻，稍微成團後移至桌面。

6 以雙手推揉麵團，左手扶麵團、右手像洗衣服方式重複數次成團。

【排氣】

7 進行排氣後收圓，即可接續各單元的食譜分割造型。

基本麵團

顏色：白 ◯

**重量
約 500g**

A

● 中筋麵粉 ………… 150g
● 低筋麵粉 ………… 150g
● 細砂糖 …………… 30g
● 沙拉油 …………… 10g

B

● 水 ……………… 150g
● 高糖速溶酵母 …… 2g

陳老師叮嚀：

● 若家中沒有攪拌機，可參見
手揉方式P.30。

● 經過排氣步驟可讓產品組
織更細緻，排氣手法參見
P.11。

作 法

【準備】

1 中筋麵粉、低筋麵粉混
合後過篩。

【攪拌】

2 材料B放入攪拌缸，拌
勻至酵母溶解。

3 再加入全部材料A。

4 先以低速攪拌1分鐘。

5 再以中速攪拌5分鐘至
不黏缸的團狀。

【排氣】

6 麵團移至桌面，進行排
氣後收圓，即可接續各
單元的食譜操作。

可可麵團

顏色：深褐

重量
約 500g

材料

A

- 中筋麵粉 ………… 150g
- 低筋麵粉 ………… 150g
- 可可粉（無糖）…… 3g
- 細砂糖 …………… 30g
- 沙拉油 …………… 10g

B

- 水 ……………… 150g
- 高糖速溶酵母 …… 2g

陳老師叮嚀：

- 若家中沒有攪拌機，可參見手揉方式P.30。
- 經過排氣步驟可讓產品組織更細緻，排氣手法參見P.11。

作法

【準備】

1 中筋麵粉、低筋麵粉混合後過篩。

【攪拌】

2 材料B放入攪拌缸，拌勻至酵母溶解。

3 再加入全部材料A。

4 先以低速攪拌1分鐘。

5 再以中速攪拌5分鐘至不黏缸的團狀。

【排氣】

6 麵團移至桌面，進行排氣後收圓，即可接續各單元的食譜操作。

雜糧麵團

顏色：淺褐

重量
約 500g

材 料

A

- 中筋麵粉 ………… 150g
- 低筋麵粉 ………… 150g
- 雜糧粉 …………… 20g
- 細砂糖 …………… 30g
- 沙拉油 …………… 10g

B

- 水 ……………… 150g
- 高糖速溶酵母 ……… 2g

陳老師叮嚀：

- 若家中沒有攪拌機，可參見手揉方式P.30。
- 經過排氣步驟可讓產品組織更細緻，排氣手法參見P.11。

作 法

【準備】

1 中筋麵粉、低筋麵粉混合後過篩。

【攪拌】

2 材料B放入攪拌缸，拌勻至酵母溶解。

3 再加入全部材料A。

4 先以低速攪拌1分鐘。

5 再以中速攪拌5分鐘至不黏缸的團狀。

【排氣】

6 麵團移至桌面，進行排氣後收圓，即可接續各單元的食譜操作。

薑黃麵團

顏色：黃

重量 約 500g

材料

A
- 中筋麵粉 ………… 150g
- 低筋麵粉 ………… 150g
- 薑黃粉 ……………… 3g
- 細砂糖 …………… 30g
- 沙拉油 ……………… 10g

B
- 水 ………………… 150g
- 高糖速溶酵母 ……… 2g

陳老師叮嚀：
- 若家中沒有攪拌機，可參見手揉方式P.30。
- 經過排氣步驟可讓產品組織更細緻，排氣手法參見P.11。

作法

【準備】

1 中筋麵粉、低筋麵粉混合後過篩。

【攪拌】

2 材料B放入攪拌缸，拌勻至酵母溶解。

3 再加入全部材料A。

4 先以低速攪拌1分鐘。

5 再以中速攪拌5分鐘至不黏缸的團狀。

【排氣】

6 麵團移至桌面，進行排氣後收圓，即可接續各單元的食譜操作。

竹炭麵團

顏色：黑 ●

重量
約 500g

材料

A

- 中筋麵粉 ………… 150g
- 低筋麵粉 ………… 150g
- 竹炭粉 …………… 3g
- 細砂糖 …………… 30g
- 沙拉油 …………… 10g

B

- 水 ……………… 150g
- 高糖速溶酵母 ……… 2g

陳老師叮嚀：

- 若家中沒有攪拌機，可參見手揉方式P.30。
- 經過排氣步驟可讓產品組織更細緻，排氣手法參見P.11。

作法

【準備】

1 中筋麵粉、低筋麵粉混合後過篩。

【攪拌】

2 材料B放入攪拌缸，拌勻至酵母溶解。

3 再加入全部材料A。

4 先以低速攪拌1分鐘。

5 再以中速攪拌5分鐘至不黏缸的團狀。

【排氣】

6 麵團移至桌面，進行排氣後收圓，即可接續各單元的食譜操作。

紅麴麵團

顏色：紅

重量
約 500g

材料

A

- 中筋麵粉 ………… 150g
- 低筋麵粉 ………… 150g
- 紅麴粉 …………… 5g
- 細砂糖 …………… 30g
- 沙拉油 …………… 10g

B

- 水 ……………… 150g
- 高糖速溶酵母 …… 2g

陳老師叮嚀：

- 若家中沒有攪拌機，可參見手揉方式P.30。
- 經過排氣步驟可讓產品組織更細緻，排氣手法參見P.11。

作法

【準備】

1 中筋麵粉、低筋麵粉混合後過篩。

【攪拌】

2 材料B放入攪拌缸，拌勻至酵母溶解。

3 再加入全部材料A。

4 先以低速攪拌1分鐘。

5 再以中速攪拌5分鐘至不黏缸的團狀。

【排氣】

6 麵團移至桌面，進行排氣後收圓，即可接續各單元的食譜操作。

黑糖麵團

顏色：咖啡 ⬤　　重量 約500g

材料

A
- 中筋麵粉 ………… 150g
- 低筋麵粉 ………… 150g
- 沙拉油 …………… 10g

B
- 黑糖 ……………… 30g
- 水 ………………… 150g
- 高糖速溶酵母 ……… 2g

陳老師叮嚀：
- 黑糖顆粒比較粗，先和水拌溶後再和其他材料混合，比較能拌得均勻。
- 若家中沒有攪拌機，可參見手揉方式P.30。
- 經過排氣步驟可讓產品組織更細緻，排氣手法參見P.11。

作法

【準備】
1 中筋麵粉、低筋麵粉混合後過篩。

【攪拌】
2 黑糖與水拌勻，倒攪拌缸，拌至酵母溶解。

3 再加入全部材料A。

4 先以低速攪拌1分鐘。

5 再以中速攪拌5分鐘至不黏缸的團狀。

【排氣】
6 麵團移至桌面，進行排氣後收圓，即可接續各單元的食譜操作。

抹茶麵團

顏色：綠

重量
約 500g

材料

A

● 中筋麵粉 ………… 150g
● 低筋麵粉 ………… 150g
● 抹茶粉 …………… 5g
● 細砂糖 …………… 30g
● 沙拉油 …………… 10g

B

● 水 ……………… 150g
● 高糖速溶酵母 ……… 2g

陳老師叮嚀：

● 抹茶粉可換成菠菜粉。
● 若家中沒有攪拌機，可參見
　手揉方式P.30。
● 經過排氣步驟可讓產品組織
　更細緻，排氣手法參見P.11

作法

【準備】

1 中筋麵粉、低筋麵粉混
合後過篩。

【攪拌】

2 材料B放入攪拌缸，拌
匀至酵母溶解。

3 再加入全部材料A。

4 先以低速攪拌1分鐘。

5 再以中速攪拌5分鐘至
不黏缸的團狀。

【排氣】

6 麵團移至桌面，進行排
氣後收圓，即可接續各
單元的食譜操作。

梔子麵團

顏色：橘

重量
約500g

材料

A

- 中筋麵粉 ………… 150g
- 低筋麵粉 ………… 150g
- 梔子紅色粉 ……… 2.5g
- 梔子黃色粉 ……… 2.5g
- 細砂糖 …………… 30g
- 沙拉油 …………… 10g

B

- 水 ……………… 150g
- 高糖速溶酵母 ……… 2g

陳老師叮嚀：

- 色彩學原理將梔子粉的紅色
  與黃色混合，即為橘色。
- 若家中沒有攪拌機，可參見
  手揉方式P.30。
- 經過排氣步驟可讓產品組織
  更細緻，排氣手法參見P.11

作法

【準備】

1 中筋麵粉、低筋麵粉混合後過篩。

【攪拌】

2 材料B放入攪拌缸，拌勻至酵母溶解。

3 再加入全部材料A。

4 先以低速攪拌1分鐘。

5 再以中速攪拌5分鐘至不黏缸的團狀。

【排氣】

6 麵團移至桌面，進行排氣後收圓，即可接續各單元的食譜操作。

蝶豆花麵團

顏色：藍

重量
約 500g

材料

A

- 中筋麵粉 ············· 150g
- 低筋麵粉 ············· 150g
- 蝶豆花粉 ············· 3g
- 細砂糖 ··············· 30g
- 沙拉油 ··············· 10g

B

- 水 ·················· 150g
- 高糖速溶酵母 ········ 2g

陳老師叮嚀：

- 蝶豆花粉可換成梔子藍色粉，也有藍色效果。
- 若家中沒有攪拌機，可參見手揉方式 P.30。
- 經過排氣步驟可讓產品組織更細緻，排氣手法參見 P.11。

作法

【準備】

1 中筋麵粉、低筋麵粉混合後過篩。

【攪拌】

2 材料B放入攪拌缸，拌勻至酵母溶解。

3 再加入全部材料A。

4 先以低速攪拌1分鐘。

5 再以中速攪拌5分鐘至不黏缸的團狀。

【排氣】

6 麵團移至桌面，進行排氣後收圓，即可接續各單元的食譜操作。

鮮奶麵團

顏色：乳白 ◯

重量
約 500g

材 料

A

- 中筋麵粉 ………… 150g
- 低筋麵粉 ………… 150g
- 細砂糖 …………… 30g
- 沙拉油 …………… 10g

B

- 濃縮鮮奶 ………… 75g
- 水 ………………… 75g
- 高糖速溶酵母 …… 2g

陳老師叮嚀：

- 濃縮鮮奶為鮮奶的濃縮品，比一般鮮奶更濃郁，也可換成 150g 鮮奶。
- 若家中沒有攪拌機，可參見手揉方式 P.30。
- 經過排氣步驟可讓產品組織更細緻，排氣手法參見 P.11。

作 法

【準備】

1 中筋麵粉、低筋麵粉混合後過篩。

【攪拌】

2 材料B放入攪拌缸，拌勻至酵母溶解。

3 再加入全部材料A。

4 先以低速攪拌1分鐘。

5 再以中速攪拌5分鐘至不黏缸的團狀。

【排氣】

6 麵團移至桌面，進行排氣後收圓，即可接續各單元的食譜操作。

火龍果麵團

顏色：粉紅

重量約 500g

材料

A

- 中筋麵粉 ………… 150g
- 低筋麵粉 ………… 150g
- 細砂糖 …………… 30g
- 沙拉油 …………… 10g

B

- 紅肉火龍果（去皮）
  …………………… 100g
- 水 ……………… 150g
- 高糖速溶酵母 ……… 2g

陳老師叮嚀：

- 火龍果肉為去皮後的重量，透過果汁機打成汁後過篩，能去除粗纖維渣。
- 若家中沒有攪拌機，可參見手揉方式P.30。
- 經過排氣步驟可讓產品組織更細緻，排氣手法參見P.11。

⟨ 作 法 ⟩

【準備】

1 中筋麵粉、低筋麵粉混合後過篩。

2 火龍果切小塊,與水放入攪拌杯,以均質機(或果汁機)打成汁。

3 再透過粗孔篩網過篩。

【攪拌】

4 取150g火龍果汁倒入攪拌缸。

5 再加入速溶酵母。

6 用打蛋器拌勻至酵母溶解。

7 再加入全部材料A,先以低速攪拌1分鐘。

8 再以中速攪拌5分鐘至不黏缸的團狀。

【排氣】

9 麵團移至桌面,進行排氣後收圓,即可接續各單元的食譜操作。

紅豆餡

保存：冷藏 3 天／冷凍 1 個月

重量
約 350g

材料

A
- 生紅豆 ············· 200g
- 無鹽奶油 ············· 30g
- 細砂糖 ················ 30g

B
- 麥芽糖 ················ 30g

作法

1 生紅豆洗淨後瀝乾,加入水(蓋過生紅豆)泡兩小時。

2 生紅豆連水放入電鍋,外鍋倒入2量米杯水。

3 按下開關,蒸至紅豆軟後取出。

4 用均質機(或果汁機)攪打成泥狀。

5 紅豆泥、無鹽奶油、細砂糖一起放入鍋中。

6 以中火邊炒邊拌至紅豆泥成團。

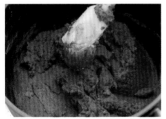

7 再加入材料B,轉小火炒勻,待涼即可使用。

陳老師叮嚀:

- 生紅豆經過泡水和加熱會吸收水分,所以完成後的成品重量比生紅豆重一些。
- 各廠牌生紅豆蒸軟時間不同,作法中的外鍋水量為參考值,若開關跳起而紅豆未軟,外鍋可再加2量米杯水,重複蒸至軟為止。
- 電鍋蒸法亦可換蒸籠蒸,以中火蒸約30分鐘至紅豆軟。
- 炒好的紅豆餡必須放室溫待涼才能包入包子,或是分裝需要量,小包冷藏或冷凍備用。

熟紅豆粒

保存：冷藏 3 天／冷凍 1 個月

重量 約 350g

材料

A
* 生紅豆 … 200g

B
* 細砂糖 … 100g
* 麥芽糖 …… 30g

作法

1 生紅豆洗淨後瀝乾，加入水(蓋過生紅豆)泡兩小時。

2 生紅豆連水放入電鍋，外鍋倒入2量米杯水，按下開關後蒸至紅豆軟。

3 取出紅豆，趁熱加入材料B拌勻，待涼即可使用。

陳老師叮嚀：

* 熟紅豆粒可以當內餡或表面裝飾。
* 生紅豆泡水後會增加重量，蒸軟後務必趁熱拌細砂糖，若冷了就無法溶入。

黑芝麻餡

保存：冷藏 3 天／冷凍 1 個月

重量 約 350g

材料

A
* 黑芝麻粉 … 200g
* 糖粉 ………… 50g

B
* 無鹽奶油 … 100g

作法

1 無鹽奶油放於室溫變軟，材料A混合後與無鹽奶油拌勻。

2 蓋上保鮮膜，放入冰箱冷藏至微硬。

陳老師叮嚀：

* 剛拌好的芝麻餡偏軟，需要冰過較好操作，也可先分成小份後搓圓備用。
* 這裡的糖粉非防潮糖粉，宜挑不含澱粉的糖粉，甜度可依個人喜好調整重量。

芋泥餡

保存：冷藏 3 天
／冷凍 1 個月

重量
約 350g

材料

A
- 芋頭（去皮）…… 300g
- 無鹽奶油 …………… 30g
- 細砂糖 ……………… 30g

B
- 麥芽糖 30g

陳老師叮嚀：
- 芋頭泥在炒的過程會流失水分，所以成品重量比生餡重量減少一些。
- 炒完的芋泥餡於室溫放涼後使用，用不完的芋泥餡可小包冷藏或冷凍。
- 電鍋蒸法可換蒸籠，以中火蒸約30分鐘至芋頭軟。蒸的時間為參考值，以芋頭變軟爛為判斷標準。

作法

1 芋頭切成薄片後，放入電鍋內鍋。

2 電鍋外鍋倒入2量米杯水，按下開關後蒸至芋頭軟，取出立即壓成泥。

3 再和無鹽奶油、細砂糖放入鍋中，以中火炒至團狀。

4 接著加入材料B，以小火炒勻，待涼即可使用。

綠豆餡

保存：冷藏 3 天
／冷凍 1 個月

重量
約 350g

材料

A
綠豆仁（去皮）…… 200g
無鹽奶油……………… 30g
細砂糖………………… 30g

B
● 麥芽糖 30g

陳老師叮嚀：
● 生綠豆在泡水及加熱過程會
  吸收水分，所以成品重量比
  生綠豆重。
● 蒸的水量為參考值，主要以
  綠豆仁變軟為判斷標準。
● 綠豆餡放涼後可分裝小包，
  再冷藏或冷凍備用。

作法

1 綠豆仁洗淨後瀝乾，加入水（蓋過綠豆仁）泡兩小時。

2 綠豆仁連水放入電鍋，外鍋倒入2量米杯水，按下開關後蒸至綠豆仁軟。

3 取出後用均質機（或果汁機）攪打成泥狀，與無鹽奶油、細砂糖放入鍋中。

4 以中火炒至團狀，再加入材料B，轉小火炒勻，待涼即可使用。

爆漿珍奶餡

保存：冷藏 3 天
／冷凍 1 個月

重量
約 250g

材 料

A

● 波霸粉圓（乾）⋯⋯ 50g

B

● 無鹽奶油 ⋯⋯⋯⋯ 100g
● 黑糖 ⋯⋯⋯⋯⋯⋯⋯50g

陳老師叮嚀：

● 粉圓經過泡水及加熱會吸收水分，所以成品重量比生材料重些。

● 甜度可以依個人喜好調整黑糖量。

● 剛拌好的珍奶餡偏軟，需要冰過較好操作，也可先分成小份後稍微搓圓備用。

作 法

1 無鹽奶油放於室溫，待變軟。

2 波霸粉圓放入滾水，以小火邊煮邊攪拌至熟（呈現半透明狀態），關火。

3 撈起波霸粉圓後沖冷開水，放涼。

4 材料B拌勻，再和瀝乾的粉圓充分拌勻。

5 蓋上保鮮膜，冷藏至微硬即可。

奶黃流沙餡

保存：冷藏 NO ╱冷凍 1 個月

重量 約 370g

材料

奶黃餡（10個）

A
- 鹹蛋黃 ················· 2 個

B
- 無鹽奶油 ··············· 24g
- 椰漿 ··················· 40g
- 細砂糖 ················· 40g

C
- 起司粉 ················· 24g
- 全蛋 ··················· 40g
- 濃縮鮮奶 ··············· 60g

D
- 全脂奶粉 ··············· 30g

流沙餡（10個）

A
- 鹹蛋黃 ················· 2 個

B
- 起司粉 ················· 15g
- 樹薯粉 ················· 15g
- 細砂糖 ················· 50g
- 水 ····················· 20g
- 無鹽奶油 ··············· 30g

作 法

【準備】

1 奶油放室溫變軟，4個鹹蛋黃淋上少許米酒。

2 以大火蒸5分鐘至熟，放涼後切碎。

【奶黃餡】

3 材料B放入調理盆，攪拌均勻。

4 加入材料C，拌勻。

5 再加入全脂奶粉，拌勻至無粉粒。

6 接著倒入湯鍋，以小火加熱至濃稠，關火。

7 再放入一半份量鹹蛋黃碎，拌勻即為奶黃餡。

8 用粗孔篩網過篩奶黃餡，並濾除雜質。

9 蓋上保鮮膜，立即冷凍至涼。

接續下一頁

10 再分成每個20g，立即冷凍至微硬。

11 材料B放入湯鍋，以小火加熱並拌勻。

12 加熱至冒小泡泡。

13 再放入另一半份量鹹蛋黃碎，拌勻。

14 不用過篩，蓋上保鮮膜立即放入冰箱，冷凍至涼。

15 再分成每個15g，立即冷凍至微硬。

【組合】

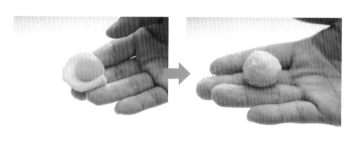

16 每份奶黃餡包覆1份流沙餡。

17 捏合後排入盤中，依序完成後冷凍備用。

陳老師叮嚀：

- 奶黃餡和流沙餡烹煮過程會流失較多水分，所以重量有些影響。完成的奶黃餡需過篩，組織才會細緻。
- 鹹蛋黃也可用烤箱烤熟，以160℃烤約5分鐘。
- 流沙餡必須完全被奶黃餡包覆，在接下來的蒸製過程才能避免爆餡。
- 樹薯粉是由樹薯塊根磨製而成的粉類，和地瓜粉、太白粉不一樣（多為木薯磨製而成），購買時必須留意成分標示為「樹薯粉」。
- 濃縮鮮奶香郁滑順可增加風味，能取代鮮奶、奶水、奶粉、鮮奶油。濃縮鮮奶也可換成奶水12g加上動物性鮮奶油20g拌勻。

海鮮餡

保存：冷藏 2 天
／冷凍 NO

**重量
約 340g**

材料

A

- 蝦仁 ⋯⋯⋯⋯⋯ 150g
- 花枝 ⋯⋯⋯⋯⋯ 50g
- 豬絞肉 ⋯⋯⋯⋯ 100g
- 蔥末 ⋯⋯⋯⋯⋯ 20g
- 蒜末 ⋯⋯⋯⋯⋯ 10g
- 薑末 ⋯⋯⋯⋯⋯ 10g

B

- 鹽 ⋯⋯⋯⋯⋯⋯ 5g
- 白胡椒粉 ⋯⋯⋯⋯ 3g
- 醬油 ⋯⋯⋯⋯⋯ 10g
- 香油 ⋯⋯⋯⋯⋯ 5g
- 細砂糖 ⋯⋯⋯⋯ 3g
- 水 ⋯⋯⋯⋯⋯⋯ 20g

陳老師叮嚀：

- 內餡材料需要切小丁或拍扁
  成泥，才容易包入麵皮中。

作法

1 蝦仁拍扁成泥，花枝切
小丁。

2 豬絞肉與鹽混合，抓
拌至產生黏性。

3 再加入其他材料B，抓
拌均勻。

4 接著加入蔥末、蒜末、
薑末，拌勻。

5 最後與蝦泥、花枝丁混
合拌勻即可。

菜肉餡

保存：冷藏 2 天
／冷凍 NO

重量
約 400g

材料

A

- 高麗菜 ⋯⋯⋯⋯ 250g
- 豬絞肉 ⋯⋯⋯⋯ 150g
- 蔥末 ⋯⋯⋯⋯⋯ 20g
- 蒜末 ⋯⋯⋯⋯⋯ 10g

- 薑末 ⋯⋯⋯⋯⋯ 10g

B

- 鹽 ⋯⋯⋯⋯⋯⋯ 5g
- 白胡椒粉 ⋯⋯⋯ 3g

- 醬油 ⋯⋯⋯⋯⋯ 10g
- 香油 ⋯⋯⋯⋯⋯ 5g
- 細砂糖 ⋯⋯⋯⋯ 2g
- 水 ⋯⋯⋯⋯⋯⋯ 20g

作 法

1 高麗菜切成約1.5cm小片，加入額外5g鹽。

2 用手抓勻，放置5分鐘待釋出水分。

3 抓起高麗菜，並且擠乾水分。

4 豬絞肉放入調理盆，加入鹽。

5 混合後抓拌均勻。

6 邊抓勻邊觀察肉狀態，待產生黏性。

7 再加入其他材料B，抓拌均勻。

8 接著加入蔥末、蒜末、薑末，拌勻。

9 最後與高麗菜混合拌勻即可。

陳老師叮嚀：

- 高麗菜加鹽脫水後失去較多水分，所以會影響餡料總重。
- 餡料中含蔬菜、肉、海鮮任一種，皆不適合冷凍，因為冷凍會產生冰晶及出水，解凍後的餡料將變成類似凍豆腐狀態。
- 肉餡在攪拌時需要先加入鹽拌出黏性，才能加入其他調味料。拌出黏性的肉餡比較容易黏著其他的食材，內餡不會四散。
- 高麗菜拌鹽後會出水，需要擠乾，能避免包入包子時，導致內餡出水而破皮。

竹筍餡

保存：冷藏 2 天／冷凍 NO

重量
約 **340g**

材料

A

- 沙拉筍 ·············· 150g
- 豬絞肉 ·············· 150g
- 蔥末 ················· 20g
- 蒜末 ················· 10g
- 薑末 ················· 10g

B

- 鹽 ··················· 5g
- 白胡椒粉 ············· 3g
- 醬油 ················· 10g
- 香油 ················· 5g
- 細砂糖 ·············· 3g
- 水 ··················· 20g

陳老師叮嚀：

- 沙拉筍可換成其他筍類，記得也要切小丁。

作法

1 沙拉筍切小丁。

2 豬絞肉與鹽混合，抓拌至產生黏性。

3 再加入其他材料B，抓拌均勻。

4 接著加入蔥末、蒜末、薑末，拌勻。

5 最後與沙拉筍丁混合拌勻即可。

叉燒餡

保存：冷藏 2 天
／冷凍 NO

**重量
約 200g**

A

● 叉燒肉 …………… 200g

B

● 鹽 ………………… 2g
● 水 ………………… 100g
● 醬油 ……………… 12g
● 玉米粉 …………… 8g
● 樹薯粉 …………… 8g
● 細砂糖…………… 25g
● 沙拉油…………… 10g

陳老師叮嚀：

● 叉燒醬在加熱過程會流失一些水分，所以餡料成品重量比生材料減少一些。

● 烹煮過的餡料必須放涼才能包入包子，以免餘溫影響麵皮的發酵。

● 梅花肉或豬里肌塗市售叉燒醬，烤上色即為叉燒肉。

● 剛完成的叉燒餡可冷藏快速冷卻，比較方便後續包裹。

作 法

1 叉燒肉切小丁。

2 材料B混合拌勻，再倒入小湯鍋。

3 以小火加熱至凝固，趁熱加入叉燒肉丁，拌勻待涼即可。

香腸起司餡

保存：冷藏 2 天／冷凍 NO

重量約 300g

材料

A
- 德國香腸 ………… 150g
- 雙色起司 ………… 100g
- 無鹽奶油 ………… 30g
- 洋蔥末 …………… 50g

B
- 鹽 ………………… 3g
- 黑胡椒細粒 ……… 5g

陳老師叮嚀：
- 洋蔥經過加熱會流失水分，成品重比生材料減少一些。
- 洋蔥需要先炒出香味，才能加入其他調味料。
- 德國香腸可換火腿、熱狗。
- 起司和德國香腸本身已有鹹度，可依喜好增減鹽量。

作法

1 德國香腸切小丁。

2 熱鍋後放入奶油，以小火加熱至融化，放入洋蔥末炒香。

3 再倒入調理盆，加入德國香腸、雙色起司、材料B拌勻，待涼即可使用。

泰式打拋豬餡

保存：冷藏 2 天 ／冷凍 NO

重量 約 470g

材料

A
● 豬絞肉 ·············· 250g
● 小番茄丁 ············· 50g
● 九層塔末 ············· 25g

B
● 辣椒末 ················· 5g
● 蔥末················· 20g
● 蒜末················· 10g
● 薑末················· 10g

C
● 魚露 ················· 3g
● 鹽 ·················· 2g
● 水 ················· 100g
● 醬油 ················· 12g
● 玉米粉 ················ 8g
● 樹薯粉 ················ 8g
● 細砂糖 ··············· 10g
● 沙拉油··············· 10g

作法

1 熱鍋後倒入10g沙拉油，放入豬絞肉、小番茄丁、材料B炒香。

2 接著加入九層塔末，炒乾，盛出後放涼，即為豬肉餡。

3 材料C混合拌勻後倒入小湯鍋，以小火加熱至凝固。

4 趁熱加入豬肉餡，拌勻，待涼即可使用。

陳老師叮嚀：

● 豬絞肉經過加熱會流失水分，所以成品總重比生材料減少一些。

● 若不喜歡魚露味道或不嗜辣者，可加少些或省略。

● 剛完成的泰式打拋豬餡可冷藏快速冷卻，比較方便後續包裹。

獅子頭餡

保存：冷藏 2 天
／冷凍 5 天

重量
約 400g

材料

A
- 豬絞肉 ⋯⋯⋯⋯⋯ 250g
- 大白菜 ⋯⋯⋯⋯⋯ 100g
- 乾香菇 ⋯⋯⋯⋯⋯ 10g

B
- 蔥末 ⋯⋯⋯⋯⋯⋯ 20g
- 蒜末 ⋯⋯⋯⋯⋯⋯ 10g
- 薑末 ⋯⋯⋯⋯⋯⋯ 10g

C
- 鹽 ⋯⋯⋯⋯⋯⋯⋯ 5g
- 白胡椒粉 ⋯⋯⋯⋯ 3g
- 醬油 ⋯⋯⋯⋯⋯⋯ 10g
- 香油 ⋯⋯⋯⋯⋯⋯ 5g
- 細砂糖 ⋯⋯⋯⋯⋯ 3g
- 水 ⋯⋯⋯⋯⋯⋯⋯ 20g

作法

1 豬絞肉多剁幾次讓絞肉更細碎；乾香菇泡水後瀝乾，切小丁，備用。

2 將大白菜切約1.5cm小片，加入額外5g鹽，抓拌均勻，放置5分鐘待出水後擠乾。

3 豬絞肉加入鹽，抓拌出黏性，再加入材料C，攪拌均勻，接著放入香菇、大白菜及材料B拌勻，再分成8份（每份50g），沾少許水搓圓。

4 肉球放入180℃油鍋（油量蓋過肉球），油炸至定型，撈起後放涼即可使用，或分裝冷凍備用。

陳老師叮嚀：

- 大白菜加鹽脫水、獅子頭油炸皆導致水分流失一些，所以成品重量比生材料輕。
- 豬絞肉的肥瘦比例3：7做出來的獅子頭口感最佳，勿全部使用瘦肉或肥肉。
- 肉球可改清蒸方式取代油炸，中火蒸至定型即可。

素食餡

保存：冷藏 2 天
／冷凍 NO

**重量
約300g**

材料

A

- 豆乾 ……………… 100g
- 韭菜 ……………… 100g
- 冬粉絲 …………… 50g
- 蔥末 ……………… 20g
- 蒜末 ……………… 10g

B

- 鹽 ………………… 5g
- 白胡椒粉 ………… 3g
- 醬油 ……………… 10g
- 香油 ……………… 5g
- 細砂糖 …………… 3g
- 水 ………………… 20g

陳老師叮嚀：

- 冬粉絲泡水易吸水，所以成品重比生材料多一些。
- 素食材料可依個人喜好調整內容物。
- 素食餡因為沒有黏性，所以包捏時比較容易四散，可用大拇指壓餡協助包捏。

作 法

1 豆乾、韭菜切小丁。

2 冬粉絲泡軟後瀝乾，切1cm小段。

3 材料A放入調理盆，加入材料B拌勻即可。

做出幸福感「饅頭」

常見饅頭外型有圓形、橢圓、方形,只要透過不同方式擀製或壓模工具,也能輕鬆做出玫瑰花饅頭、貓咪手撕饅頭、丸子三兄弟饅頭、雪糕饅頭、棉花糖小饅頭、可愛領結饅頭,以及外觀像麵包的法國長棍饅頭、肉鬆麵包饅頭、甜甜圈饅頭等,大家千萬別錯過簡單又容易操作的饅頭。

玫瑰花饅頭

份量
4個

接續下一頁 ➡

材料

● 火龍果麵團（粉紅）……… 180g →P.42   ● 抹茶麵團（綠）……… 120g →P.38

作法

【分割造型】

1 綠麵團、粉紅麵團分別壓揉至光滑。

2 粉紅色分6個（每個30g）、綠色分4個（每個30g），滾圓。

3 粉紅色擀成直徑10cm圓片、綠色擀成直徑8cm圓片。

4 取3片粉紅色、兩片綠色，每片間距4cm排列重疊。

5 在每片重疊處抹少許水黏好。

6 從粉紅端捲起，並在收口處抹少許水黏合。

7 用手虎口在麵團中間握出凹痕當記號。

8 在凹痕處對切成兩段，依序完成另一捲。

9 將每段的麵皮往外微撥開成花朵狀。

【發酵】

10 饅頭麵團放在不沾紙，發酵30 分鐘至原來1.6 倍大。

【蒸熟】

11 待蒸籠鍋子水煮滾，饅頭放在飯巾上方，上層鍋與鍋蓋間插入木筷子。

12 以大火蒸到產生蒸氣，轉中火續蒸17 分鐘即關火，不開蓋燜2 分鐘。

13 再慢慢平移鍋蓋，立即取出饅頭放在涼架待涼。

陳老師叮嚀：

- 每片麵皮的厚度、排列的間距需要一致，完成的花瓣才會漂亮。
- 花朵配色可自由搭配，變化不同款式的玫瑰花。

青花瓷火腿饅頭

材料

- 基本麵團（白）............ 120g →P.31
- 蝶豆花麵團（藍）.......... 120g →P.40
- 火腿 .... 1 片（10g）

作 法

【分割造型】

1 藍麵團、白麵團分別壓揉到光滑。

2 白色、藍麵團各分成 4 個（每個30g），滾圓。

3 麵團擀成橢圓片，取 1 片藍色抹水，鋪 1 片白色黏合。

4 再擀至長邊 20cm 橢圓形，抹水後捲起。

5 麵捲橫放並微壓扁。

6 抹少許水後再對折。

7 在折疊處畫一刀（前端留 1cm 勿切斷）。

8 翻開麵團後鬆弛 3 分鐘。

9 麵團紋路面朝下後，擀至長邊 25cm，並於收口處擀薄。

10 抹上少許水，鋪上切半的火腿片。

11 由內向外捲起，並且黏合。

12 用手虎口定型並且兩端密合，依序完成另外3捲。

【發酵】

13 饅頭麵團放在不沾紙，發酵30 分鐘至原來1.6 倍大。

【蒸熟】

14 下層鍋水滾，饅頭放鋪飯巾的上層鍋，疊好後上層鍋與鍋蓋間插入木筷子。

15 以大火蒸到有蒸氣，轉中火續蒸17 分鐘即關火，不開蓋燜2 分鐘。

16 再慢慢平移鍋蓋，立即取出饅頭放在涼架待涼。

陳老師叮嚀：

- 作法9擀製麵皮時，紋路面需要朝下，如此捲起後紋路才會在外面。
- 麵捲的兩尖端必須密合，蒸好的成品才會美觀。

一口小饅頭

份量
12個

材料

- 紫薯麵團（紫）…………100g →P.28
- 基本麵團（白）…………100g →P.31
- 薑黃麵團（黃）…………100g →P.34

陳老師叮嚀：

- 麵團顏色可依喜好自由搭配。
- 小饅頭剛好一口吃，可愛討喜，食量很小的小朋友也完全沒問題。

作法

【分割造型】

1 紫色、白色、黃色麵團分別壓揉至光滑。

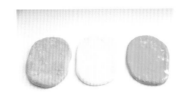

2 三色麵團微壓扁，分別擀成長15cm×寬10cm的長方形。

3 三片都抹上少許水，依序黃、白、紫往上疊。

4 再擀壓數次讓麵皮之間更緊貼，擀到厚度約1.5cm。

5 四周修邊後切成3cm正方形。

【發酵】

6 小饅頭麵團放在不沾紙，發酵30分鐘至原來1.6倍大。

【蒸熟】

7 待蒸籠鍋子水煮滾，饅頭放在飯巾上方，上層鍋與鍋蓋間插入木筷子。

8 以大火蒸到產生蒸氣，轉中火續蒸17分鐘即關火，不開蓋燜2分鐘。

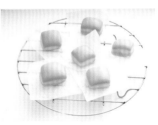

9 再慢慢平移鍋蓋，立即取出一口小饅頭放在涼架，待涼。

盛開花朵饅頭

份量
4個

材料

- 火龍果麵團（粉紅）
  ·········· 200g →P.42
- 基本麵團（白）
  ·········· 100g →P.31

造型工具：
- 刀 ················· 1 支

陳老師叮嚀：
- 白色麵皮必須有些厚度，外皮才不會太薄。
- 劃刀時至少劃到可看到內層粉紅麵團，蒸好後才會開出漂亮的花朵，像發糕一樣。

作法

【分割造型】

1 粉紅麵團、白麵團分別壓揉至光滑。

2 粉紅色麵團分成4個（每個50g），白色分成4個（每個25g），分別滾圓。

3 白麵團微壓扁，再擀成直徑8cm圓片。

4 取1片白麵皮抹水，包入1個粉紅麵團後收口捏緊，依序完成另3個。

5 在白色處劃出十字刀痕（需要劃深見到粉紅色麵團）。

【發酵】

6 饅頭麵團放在不沾紙，發酵30分鐘至原來1.6倍大。

【蒸熟】

7 待蒸籠鍋子水煮滾，饅頭放在飯巾上方，上層鍋與鍋蓋間插入木筷子。

8 以大火蒸到產生蒸氣，轉中火續蒸17分鐘即關火，不開蓋燜2分鐘。

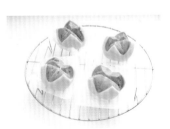

9 再慢慢平移鍋蓋，立即取出花朵饅頭放在涼架，待涼。

紅心芋頭酥饅頭

份量
4個

 **材 料**

- 火龍果麵團（粉紅）⋯⋯⋯⋯ 80g →P.42
- 基本麵團（白）⋯⋯⋯⋯ 120g →P.31
- 紫薯麵團（紫）⋯⋯⋯⋯ 120g →P.28

作法

【分割造型】

1 白色、紫色、粉紅色麵團分別壓揉至光滑。

2 粉紅色麵團分成 4 個（每個 20g），分別滾圓。

3 白色、紫色各分成兩個（每個 60g），分別滾圓。

4 白色、紫色分別擀至長邊 8cm，白色疊於抹水的紫色上方。

5 紫色面朝上後擀成長邊 25cm，從長邊對切。

6 抹少許水，將兩片麵皮重疊。

7 再擀至長邊 35cm 橢圓形，兩端修齊。

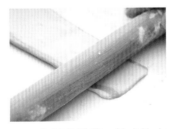

8 收口處擀薄，抹少許水於麵皮。

9 向前捲起成圓柱狀。

接續下一頁 ➡

10 從圓柱中間對切成兩段，依序完成另一捲並切半。

11 螺旋面朝上，再擀成直徑8cm圓片。

12 每片包入1個粉紅麵團。

【發酵】　　　　　【蒸熟】

13 收口捏合後搓圓。

14 饅頭麵團放在不沾紙，發酵30分鐘至原來1.6倍大。

15 待蒸籠鍋子水煮滾，饅頭放在飯巾上方，上層鍋與鍋蓋間插入木筷子。

16 以大火蒸到產生蒸氣，轉中火續蒸17分鐘即關火，不開蓋燜2分鐘。

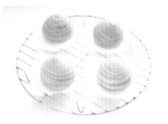

17 再慢慢平移鍋蓋，立即取出饅頭放在涼架待涼。

陳老師叮嚀：
- 包在裡頭的粉紅麵團可以換成綠色，也非常顯色。
- 白色和紫色相疊勿擀太薄太用力，容易造成兩色穿透混合，導致無法形成漂亮圈圈紋路。

粉紅三絲捲

份量
4個

材料

- 火龍果麵團（粉紅）………160g →P.42
- 竹炭麵團（黑）……………50g →P.35
- 蝶豆花麵團（藍）…………50g →P.40
- 抹茶麵團（綠）……………50g →P.38

作法

【分割造型】

1 四種顏色麵團分別壓揉至光滑。

2 粉紅色麵團微壓扁，再擀成長24×寬12cm長方形。

3 另外三色麵團微壓扁，分別擀成長邊15cm橢圓形。

4 三片麵皮都抹上少許水，依序藍、黑、綠往上疊。

5 再切成寬度0.5cm的細長條。

6 鬆弛3分鐘，再往左右拉成長度20cm長條備用。

7 粉紅麵皮刷上少許水。

8 三色麵條鋪於粉紅麵皮，由長邊往上捲起後兩端捏合。

【發酵】

9 饅頭麵團放在不沾紙，發酵 30 分鐘至原來的 1.6 倍大。

【蒸熟】

10 待蒸籠鍋子水煮滾，饅頭放在飯巾上方，上層鍋與鍋蓋間插入木筷子。

11 以大火蒸到產生蒸氣，轉中火續蒸17 分鐘即關火，不開蓋並且燜2 分鐘。

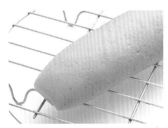

12 再慢慢平移鍋蓋，立即取出饅頭放在涼架，待涼。

13 將饅頭兩端切齊，再切成4 段即可食用或油炸。

陳老師叮嚀：

• 粉紅麵皮不能擀太薄，需要有點厚度更佳且能完整包覆三色麵條。

• 超可愛的粉紅麵皮改變傳統的白色皮，食用時可搭配煉乳與花生粉更美味。

甜甜圈饅頭

材料

- 薑黃麵團（黃）
  ⋯⋯⋯⋯⋯250g →P.34
- 調溫苦甜巧克力⋯100g
- 食用彩色巧克力米⋯20g

造型工具：

- 直徑 6.5cm 圓模 ⋯ 1 個
- 直徑 2cm 圓模 ⋯⋯ 1 個

陳老師叮嚀：

- 裝巧克力的白報紙可以烘焙
  紙替換。
- 麵團壓模後剩下的麵團可以
  用在別的產品，或是揉成圓
  球一起蒸。
- 擀好的麵皮必須有一些厚
  度，蒸出來的甜甜圈饅頭才
  不會太矮。
- 調溫巧克力可呈現光亮質
  地，購買鈕釦型較方便，不
  需要切成小塊就可直接隔水
  加熱融化。

作法

【分割造型】

1 黃麵團壓揉至光滑,再擀成厚度 1cm、直徑 21cm 圓片。

2 以直徑 6.5cm 圓模壓出 3 個大圓。

3 將直徑 2cm 圓模放於大圓上,壓出小圓成甜甜圈外型。

【發酵】

4 饅頭麵團放在不沾紙,發酵 30 分鐘至原來的 1.6 倍大。

【蒸熟】

5 待蒸籠鍋子水煮滾,饅頭放在飯巾上方,上層鍋與鍋蓋間插入木筷子。

6 以大火蒸到產生蒸氣,轉中火續蒸 17 分鐘即關火,不開蓋燜 2 分鐘。

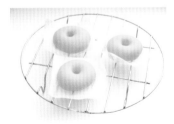

7 再慢慢平移鍋蓋,立即取出甜甜圈饅頭放在涼架,待涼。

【後製】

8 巧克力隔水加熱融化,趁熱裝入成錐形的白報紙,前端剪小口。

9 擠在甜甜圈饅頭上,撒上彩色巧克力米。

貓咪手撕饅頭

份量
2 個

材料

- 薑黃麵團（黃）
  ⋯⋯⋯⋯⋯ 84g →P.34
- 基本麵團（白）
  ⋯⋯⋯⋯⋯ 48g →P.31
- 食用竹炭粉⋯⋯⋯⋯⋯5g

造型工具：

- 長方形烤模⋯⋯⋯⋯ 2 個
- 細水彩筆⋯⋯⋯⋯⋯ 1 支

陳老師叮嚀：

- 長方形烤模可換成不沾平底
  鍋，將麵團排出圓圈造型。

作 法

【分割造型】

1 黃色分 4 個大圓（每個
20g），剩餘搓 4 個小
圓（每個 1g）。

2 白色分成 2 個大圓（每
個 20g），剩 餘 搓 8
個小圓（每個 1g）。

3 兩色的大圓先塑成橢
圓，再以不同顏色間距
放入烤模。

4 小圓塑成三角錐，抹水
後黏於大圓當貓耳朵。

【發酵】

5 饅頭麵團發酵 30 分鐘
至原來 1.6 倍大。

【蒸熟】

6 待蒸籠鍋子水煮滾，
饅頭放在飯巾上方，
上層鍋與鍋蓋間插入
木筷子。

7 以大火蒸到產生蒸氣，
轉中火續蒸 17 分鐘即
關火，不開蓋燜 2 分鐘。

8 再慢慢平移鍋蓋，立即
取出貓咪饅頭放在涼
架，待涼。

【後製】

9 竹炭粉調入少許食用
水，用水彩筆劃出貓臉
後放 5 分鐘待乾即可。

丸子三兄弟饅頭

份量
4 個

材料

- 火龍果麵團（粉紅）
  ············· 60g →P.42
- 梔子麵團（橘）
  ············· 60g →P.39
- 可可麵團（深褐）
  ············· 60g →P.32

串燒淋醬

- 醬油 ················ 10g
- 細砂糖 ··············· 15g
- 水 ·················· 20g
- 味醂 ················· 3g
- 葛粉 ················· 3g
- 洋菜粉 ··············· 1g

陳老師叮嚀：

- 串燒淋醬材料有葛粉、洋菜
  粉，可以讓醬汁軟硬口感更
  協調適當。
- 這道饅頭靈感來自鹹口味的
  日式丸子米團，也可包入豆
  沙餡變成甜口味饅頭。

作法

【分割造型】

1 深褐色、粉紅、橘色麵團分別壓揉至光滑。

2 三色麵團各分成 4 個（每個 15g），分別滾圓。

【發酵】

3 三色饅頭麵團交錯放在不沾紙，發酵 30 分鐘至原來 1.6 倍大。

【蒸熟】

4 待蒸籠鍋子水煮滾，饅頭放在飯巾上方，上層鍋與鍋蓋間插入木筷子。

5 以大火蒸到產生蒸氣，轉中火續蒸 17 分鐘即關火，不開蓋燜 2 分鐘。

6 再慢慢平移鍋蓋，立即取出丸子饅頭放在涼架，待涼。

【後製】

7 串燒淋醬所有材料放入湯鍋，用打蛋器拌勻。

8 以小火加熱至濃稠，關火待微涼。

9 用竹籤串起 3 色丸子饅頭，淋上適量串燒淋醬即可。

法國長棍饅頭

份量
3 個

材料

- 雜糧麵團（淺褐）
  ············· 450g →P.33
- 防潮糖粉 ············· 20g

造型工具：

- 刀 ····················· 1 支

陳老師叮嚀：

- 防潮糖粉加入3～10% 的玉米粉，具防潮及防止糖粉結粒的功用，常用來撒在產品表面，如下雪般模樣。
- 若買到純糖粉，又需要隔餐或隔夜回蒸吃，則於吃前再撒上糖粉，以免糖粉返潮。

作法

【分割造型】

1 淺褐麵團壓揉至表面光滑，再分成3個、每個150g，滾圓。

2 每個麵團塑出長度15cm橄欖形。

3 拿刀在麵團表面輕輕劃出3刀痕。

【發酵】

4 饅頭麵團放在不沾紙，發酵30分鐘至原來的1.6倍大。

【蒸熟】

5 待蒸籠鍋子水煮滾，饅頭放在飯巾上方，上層鍋與鍋蓋間插入木筷子。

6 以大火蒸到產生蒸氣，轉中火續蒸17分鐘即關火，不開蓋燜2分鐘。

【後製】

7 再慢慢平移鍋蓋，立即取出法國香棍饅頭放在涼架，待涼。

8 白報紙（或不沾紙）剪小片，再填入饅頭的切口處。

9 均勻撒上防潮糖粉，拿掉白報紙即可。

粉紅貓掌饅頭

份量
4個

材料

- 火龍果麵團（粉紅）
  ………… 200g →P.42
- 鮮奶麵團（乳白）
  ………… 50g →P.41

造型工具：
- 直徑 3cm 圓模 …… 1 個
- 直徑 1.5cm 圓模 … 1 個

陳老師叮嚀：
- 白色麵團擀薄時必須有些厚度才有立體感，不低於2mm 為佳。
- 貓掌的麵團配色可以隨個人喜好換成其他顏色。
- 剩餘白麵團別浪費，可以揉合後分割適當大小，和貓掌一起蒸。

作法

【分割造型】

1 乳白麵團、粉紅麵團分別壓揉至光滑。

2 粉紅色分成 4 個（每個 50g），滾圓後擀成直徑 5cm 圓形。

3 乳白色擀薄，用 3cm 圓模壓 4 個、1.5cm 壓 12 個。

【發酵】　　　　　　【蒸熟】

4 大小乳白色麵皮抹少許水後黏於粉紅麵團，共完成 4 個貓掌。

5 饅頭麵團放在不沾紙，發酵 30 分鐘至原來的 1.6 倍大。

6 待蒸籠鍋子水煮滾，饅頭放在飯巾上方，上層鍋與鍋蓋間插入木筷子。

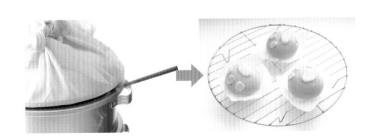

7 以大火蒸到產生蒸氣，轉中火續蒸 17 分鐘即關火，不開蓋燜 2 分鐘。

8 再慢慢平移鍋蓋，立即取出饅頭放在涼架待涼。

可愛領結饅頭

份量
4個

材料

- 基本麵團（白）⋯⋯⋯⋯⋯100g →P.31
- 梔子麵團（橘）⋯⋯⋯⋯ 60g →P.39

造型工具：

- 直徑 1cm 圓模 ⋯⋯⋯⋯⋯⋯⋯⋯1 個
- 刀 ⋯⋯⋯⋯⋯⋯⋯⋯⋯⋯⋯⋯⋯⋯1 支

作法

【分割造型】

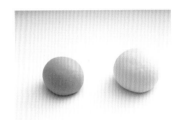

1 橘麵團、白麵團分別壓揉至光滑。

2 白色分4個（每個25g），橘色分4個（每個15g），分別滾圓。

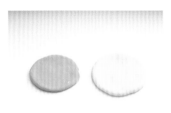

3 白色擀成直徑 8cm、橘色 7cm 圓片。

4 白色麵皮抹少許水，疊上橘色麵皮。

5 用 1cm 圓模於麵皮中間輕壓出圓痕。

6 在麵皮圓痕上方切 1 刀、下方中間兩側各切 1 刀、左右中間兩側各切 1 刀，如圖。

7 麵皮抹上少許水，右邊大三角片向左翻。

8 右邊兩片小三角併攏。

9 大三角往右翻後，蓋在靠攏的小三角。

接續下一頁 ➡

10 接著將左邊大三角向右翻，左邊兩片小三角靠攏。

11 大三角往左翻後，蓋在併攏的小三角。

12 下方長條往上翻折，如圖。

13 整個翻面讓白色朝上並用少許水黏合，依序完成另外3個蝴蝶結。

【發酵】

14 黃色面朝上放在不沾紙，發酵30分鐘至原來1.6倍大。

【蒸熟】

15 待蒸籠鍋子水煮滾，饅頭放在飯巾上方，上層鍋與鍋蓋間插入木筷子。

16 以大火蒸到產生蒸氣，轉中火續蒸17分鐘即關火，不開蓋燜2分鐘。

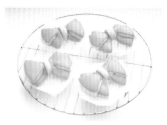

17 再慢慢平移鍋蓋，立即取出饅頭放在涼架待涼。

陳老師叮嚀：

- 每片重疊處記得抹少許水黏合，避免蒸好的成品變成開口笑。
- 蝴蝶結顏色可自由變化，也可做單色。

雪糕饅頭

材 料

- 紫薯麵團（紫）…………200g →P.28
- 竹炭麵團（黑）…………20g →P.35
- 栀子麵團（橘）…………20g →P.39
- 火龍果麵團（粉紅）………20g →P.42
- 鮮奶麵團（乳白）………30g →P.41

造型工具：

- 直徑 2.5cm 星形模 ………………… 1 個
- 直徑 1.5cm 圓模 ………………… 1 個

作 法

【分割造型】

1 五種顏色麵團分別壓揉至光滑。

2 紫麵團分成 4 個（每個 50g），分別滾圓。

3 每個紫色小麵團塑出長度 8cm 橢圓形。

4 在麵團一端微壓扁。

5 再插入冰棒棍。

6 黑、橘、粉紅麵團擀成直徑 6cm 圓片。

7 在黑色壓出 4 個小星形，黃色與粉紅色各壓出 4 個小圓。

8 乳白色麵團擀薄後切細條並搓細，再切成 16 條小段。

9 饅頭表面抹水，黏上乳白細條、黑色星、黃與粉紅小圓。

【發酵】

10 饅頭麵團放在不沾紙，發酵30 分鐘至原來1.6 倍大。

【蒸熟】

11 待蒸籠鍋子水煮滾，饅頭放在飯巾上方，上層鍋與鍋蓋間插入木筷子。

12 以大火蒸到產生蒸氣，轉中火續蒸17 分鐘即關火，不開蓋燜2 分鐘。

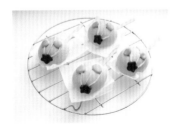

13 再慢慢平移鍋蓋，立即取出饅頭放在涼架待涼。

陳老師叮嚀：

• 裝飾在雪糕饅頭表面顏色和形狀可自由發揮，也可以用另一種顏色批覆，就會有雙色雪糕效果。

肉鬆麵包饅頭

份量
4個

材料

- 雜糧麵團（淺褐）⋯⋯⋯⋯280g →P.33
- 美乃滋⋯⋯⋯⋯⋯⋯⋯⋯⋯1條
- 肉鬆⋯⋯⋯⋯⋯⋯⋯⋯⋯⋯50g

陳老師叮嚀：

- 外型是肉鬆麵包而吃起來口感是饅頭，
  一定能帶給親友驚喜。
- 等饅頭涼了再鋪肉鬆，千萬不能蒸前
  鋪，會影響口感及外觀。

作法

【分割造型】

1 淺褐麵團壓揉至光滑。

2 再分成4個（每個70g），分別滾圓。

3 每個小麵團塑出長度8cm 橄欖形。

【發酵】

4 饅頭麵團放在不沾紙，發酵 30 分鐘至原來的 1.6 倍大。

【蒸熟】

5 待蒸籠鍋子水煮滾，饅頭放在飯巾上方，上層鍋與鍋蓋間插入木筷子。

6 以大火蒸到產生蒸氣，轉中火續蒸 17 分鐘即關火，不開蓋燜 2 分鐘。

【後製】

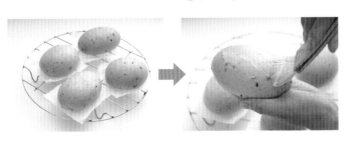

7 再慢慢平移鍋蓋，立即取出饅頭放在涼架待涼。

8 放涼的饅頭刷上美乃滋，鋪上肉鬆即可。

黑糖雙色饅頭

份量
4個

材料

- 黑糖麵團（咖啡）⋯⋯ 120g→P.37
- 鮮奶麵團（乳白）⋯⋯ 120g→P.41

![作法]

【分割造型】

1 咖啡麵團、乳白麵團分別壓揉至光滑。

2 兩色麵團微壓扁，分別擀至長 20×寬12cm 橢圓形。

3 乳白麵皮抹少許水，疊上咖啡麵皮。

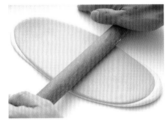

4 再擀至長 25cm，收口處擀薄，並且整片抹少許水。

5 由長邊向上捲起成圓柱狀，收口處黏合，左右兩端修齊，再切成4段。

【發酵】

6 饅頭麵團放在不沾紙，發酵 30 分鐘至原來的 1.6 倍大。

【蒸熟】

7 待蒸籠鍋子水煮滾，饅頭放在飯巾上方，上層鍋與鍋蓋間插入木筷子。

8 以大火蒸到產生蒸氣，轉中火續蒸 17 分鐘即關火，不開蓋燜2分鐘。

9 再慢慢平移鍋蓋，立即取出饅頭放在涼架待涼。

陳老師叮嚀：

● 麵團顏色可依喜好替換，亦可多加1 種顏色做成3 色層次的饅頭。

棉花糖小饅頭

材料

- 火龍果麵團（粉紅）………120g →P.42
- 基本麵團（白）…………120g →P.31

陳老師叮嚀：

- 可依喜好決定這道饅頭尺寸，但以剛好一口較符合棉花糖名稱且小巧討喜。
- 放涼的饅頭還能撒防潮糖粉，或沾融化巧克力、煉乳食用。

作法

【分割造型】

1 粉紅麵團、白麵團分別壓揉至光滑。

2 將麵團搓揉成長30cm的條狀。

3 兩條麵團皆抹少許水。

4 再旋轉成麻花捲,並搓成均勻的雙色圓柱。

5 接著切2.5cm小段。

【發酵】

6 饅頭麵團放在不沾紙,發酵30分鐘至原來的1.6倍大。

【蒸熟】

7 待蒸籠鍋子水煮滾,饅頭放在飯巾上方,上層鍋與鍋蓋間插入木筷子。

8 以大火蒸到產生蒸氣,轉中火續蒸17分鐘即關火,不開蓋燜2分鐘。

9 再慢慢平移鍋蓋,立即取出棉花糖饅頭放在涼架,待涼。

包出好滋味「包子」

麵團包入喜歡的甜餡或鹹餡稱為包子,這裡包
入經典不敗的菜肉餡、紅豆餡,也加入多款異
國風味的泰式打拋豬餡、奶黃流沙餡,再搭配
簡易手法捏出討喜的芋泥三角包、喜宴紅兔
包、黑金奶黃流沙包、海洋貝殼包、紅白獅子
頭包、琉璃小籠包、脆皮水煎包等,讓你一次
嘗到各種好滋味的餡料包子。

雙色麥穗包

份量
4個

材料

- 基本麵團（白）‧‧‧‧‧‧‧‧‧‧‧‧120g →P.31
- 梔子麵團（橘）‧‧‧‧‧‧‧‧‧‧‧‧120g →P.39
- 素食餡 ‧‧‧‧‧‧‧‧‧‧‧‧‧‧‧‧‧‧‧‧‧‧100g →P.61

造型工具：

- 直徑 8cm 圓模 ‧‧‧‧‧‧‧‧‧‧‧‧‧‧‧‧‧1 個

作法

【分割造型】

1 將素食餡分成4份、每份25g。

2 白麵團、橘麵團分別壓揉至光滑。

3 兩色麵團微壓扁，分別擀成長34×寬5cm長方形。

4 橘色麵皮疊於白色麵皮(約1cm重疊，重疊處抹上少許水)。

5 擀麵棍擀數次讓重疊處更緊貼，取圓模壓出4片雙色麵皮。

6 接著擀成直徑10cm圓片，外圈抹少許水。

接續下一頁 →

7 每片麵皮包入1份素食餡，左手托著麵皮，右手大拇指與食指先捏合一端麵皮。

8 大拇指與食指繼續往前捏成麥穗狀。

9 捏至尾端收口處捏合並捏尖，依序完成另3個包餡步驟。

【發酵】

10 包子麵團放在不沾紙，發酵30分鐘至原來1.6倍大。

【蒸熟】

11 待蒸籠鍋子水煮滾，包子放在飯巾上方，上層鍋與鍋蓋間插入木筷子。

12 以大火蒸到產生蒸氣，轉中火續蒸17分鐘即關火，不開蓋並且燜2分鐘。

13 再慢慢平移鍋蓋，立即取出包子放在涼架待涼。

陳老師叮嚀：

- 麵皮外圈需要先抹水，於捏麥穗造型時才容易黏合。
- 捏製過程為了防止餡料位移或溢出，可用左手大拇指輔助將餡料壓入麵皮中。
- 壓圓後剩餘的麵皮可揉合分小塊，再搓圓一起蒸成饅頭。
- 內餡和外皮顏色可依喜好自由搭配。

大吉大利福袋包

份量
4個

材料

- 火龍果麵團（粉紅）……… 120g→P.42
- 基本麵團（白）………………20g →P.31
- 叉燒餡 …………………………80g→P.57

造型工具：

- 保鮮膜 ………………………………… 1 段

作 法

【分割造型】

1 將叉燒餡分成4份、每份20g。

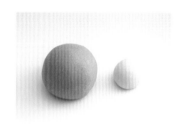

2 粉紅麵團、白麵團分別壓揉至光滑。

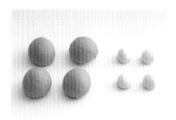

3 粉紅色分成 4 個（每個30g），白色分成 4 個（每個5g），滾圓。

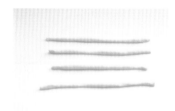

4 白麵團搓成20cm細長條備用。

5 粉紅麵團微壓扁，再擀成直徑10cm圓片。

6 叉燒餡堆高於麵皮中央（四周露出較多麵皮）。

7 麵皮往上拉起，像包燒賣一樣把餡料往下壓。

8 麵皮收口處用手虎口束攏。

9 保鮮膜搓成細條後環繞於麵皮收口處，稍微拉緊做位置記號。

10 取下保鮮膜後換白麵條繞好打結，依序完成另外3個。

【發酵】

11 包子麵團放在不沾紙，發酵30分鐘至原來1.6倍大。

【蒸熟】

12 待蒸籠鍋子水煮滾，包子放在飯巾上方，上層鍋與鍋蓋間插入木筷子。

13 以大火蒸到產生蒸氣，轉中火續蒸17分鐘即關火，不開蓋並且燜2分鐘。

14 再慢慢平移鍋蓋，立即取出包子放在涼架待涼。

陳老師叮嚀：

- 福袋麵皮必須擀成中間厚四周薄，底部才不會因包餡料而爆出，而且擀比較大張，才能露出較多的收口處。

- 保鮮膜也可換成塑膠繩，主要是可拉緊做位置記號，方便後續綁上白麵條。

琉璃小籠包

份量
4 個

材 料

- 基本麵團（白）⋯⋯⋯⋯⋯80g →P.31
- 蝶豆花麵團（藍）⋯⋯⋯⋯20g →P.40
- 菜肉餡⋯⋯⋯⋯⋯⋯⋯⋯⋯80g →P.54

作 法

【分割造型】

1 將菜肉餡分成4份、每份20g。

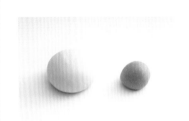

2 白麵團、藍麵團分別壓揉至光滑。

3 兩色麵團微壓扁，分別搓成20cm長條。

4 兩條麵團皆抹少許水，相疊黏合後搓揉成雙色麵條。

5 鬆弛3分鐘後，再切成4小段。

6 雙色麵團微壓扁，再擀成直徑8cm圓片。

7 每片雙色麵皮鋪上1份菜肉餡。

8 左手托著麵皮、大拇指定住餡料，右手大拇指與食指捏起麵皮。

9 右手大拇指定住，食指抓起麵皮打摺（左手邊旋轉），收口黏合。

【發酵】

10 包子麵團放在不沾紙，發酵30分鐘至原來1.6倍大。

【蒸熟】

11 待蒸籠鍋子水煮滾，包子放在飯巾上方，上層鍋與鍋蓋間插入木筷子。

12 以大火蒸到產生蒸氣，轉中火續蒸17分鐘即關火，不開蓋並且燜2分鐘。

13 再慢慢平移鍋蓋，立即取出包子放在涼架待涼。

陳老師叮嚀：

- 琉璃包兩色麵皮搓揉後，需要鬆弛幾分鐘讓麵筋軟化，後續擀圓片才好操作。
- 琉璃小籠包不宜做太大，小巧可愛且可依喜好換成其他顏色麵團並變化內餡種類。

可愛竹筍包

材 料

- 紅麴麵團（紅）⋯⋯⋯⋯⋯120g →P.36
- 抹茶麵團（綠）⋯⋯⋯⋯⋯20g →P.38
- 竹筍餡⋯⋯⋯⋯⋯⋯⋯⋯⋯80g →P.56

造型工具：

- 直徑 2.5cm 花朵模 ⋯⋯⋯⋯⋯⋯⋯ 1 個
- 圓頭塑型工具 ⋯⋯⋯⋯⋯⋯⋯⋯ 1 支

作 法

【分割造型】

1 將竹筍餡分成4份、每份20g。

2 紅麵團、綠麵團分別壓揉至光滑。

3 紅麵團分成 4 個（每個30g），分別滾圓。

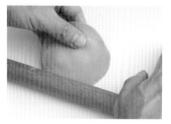

4 再擀成直徑8cm圓片。

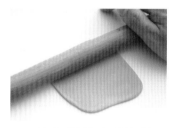

5 綠麵團微壓扁後擀成方形薄片。

6 用壓模壓出4片花朵當蒂頭。

7 粉紅麵皮鋪上竹筍餡，左手托著麵皮、大拇指定住餡料，右手大拇指與食指捏起麵皮。

8 靠食指繼續抓起麵皮打摺（打摺時左手邊旋轉），收口黏合。

9 蒂頭抹少許水,再黏
於包子頂端。

10 用塑型工具在蒂頭
輕壓出凹痕,依序
完成另3個。

【發酵】

11 包子麵團放在不沾
紙,發酵30分鐘至
原來1.6倍大。

【蒸熟】

12 待蒸籠鍋子水煮滾,
包子放在飯巾上方,
上層鍋與鍋蓋間插
入木筷子。

13 以大火蒸到產生蒸
氣,轉中火續蒸17
分鐘即關火,不開
蓋並且燜2分鐘。

14 再慢慢平移鍋蓋,
立即取出包子放在
涼架待涼。

陳老師叮嚀:

- 包子打完摺後,收口可轉一下更黏合,以免蒸製時餡料流出。
- 外皮顏色可用兩色完成更可愛,作法參考P.104 雙色麥穗包。
- 餡料可以依喜好換成甜餡或其他鹹餡。

芋泥三角包

份量
4個

材料

● 抹茶麵團（綠）⋯⋯⋯⋯100g →P.38　　● 芋泥餡⋯⋯⋯⋯⋯⋯⋯⋯40g →P.47

● 基本麵團（白）⋯⋯⋯⋯60g →P.31　　● 熟紅豆粒⋯⋯⋯⋯⋯⋯4顆 →P.46

作法

【分割造型】

1 芋泥餡分成4份（每個10g），搓圓。

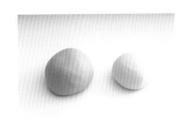

2 綠麵團、白麵團分別壓揉至光滑。

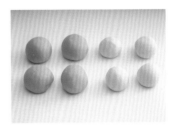

3 綠色分成4個（每個25g），白色分成4個（每個15g），滾圓。

4 綠麵團微壓扁，再擀成直徑10cm圓形。

5 白麵團微壓扁，再擀成直徑8cm圓形。

6 綠麵皮抹上少許水。

7 疊上白色麵皮，用擀麵棍擀數次更黏貼。

8 綠麵皮朝上，把麵皮向內折成三角形。

9 再翻面，放上芋泥餡於麵皮中間。

接續下一頁 ⮕

10 於白色麵皮四周抹上少許水。

11 接著向內折成三角形，交叉點向下微壓並且黏合。

12 放上1顆熟紅豆粒即完成三角包，依序完成另3個。

【發酵】

13 包子麵團放在不沾紙，發酵30分鐘至原來1.6倍大。

【蒸熟】

14 待蒸籠鍋子水煮滾，包子放在飯巾上方，上層鍋與鍋蓋間插入木筷子。

15 以大火蒸到產生蒸氣，轉中火續蒸17分鐘即關火，不開蓋並且燜2分鐘。

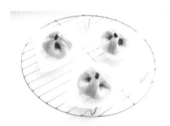

16 再慢慢平移鍋蓋，立即取出包子放在涼架待涼。

陳老師叮嚀：

- 兩色圓麵皮尺寸必須1大1小，包裹後才會形成明顯的雙色。
- 麵皮的接合處必須抹上少許水，以防成品蒸好後開口。

材料

份量
4 個

- 紅麴麵團（紅）…………120g →P.36
- 黑芝麻餡……………………80g →P.46
- 黑芝麻……………………8 粒

造型工具：

- 剪刀……………………………1 支

作法

【分割造型】

1 黑芝麻餡分成4份（每個20g），搓圓。

2 紅色麵團壓揉至光滑。

3 紅色麵團分成 4 個（每個30g），分別滾圓。

4 紅色麵團微壓扁，再擀成直徑8cm圓片。

5 每片紅麵皮包入1份黑芝麻餡。

6 用手虎口捏合成球形。

7 再塑成長8cm橢圓形，在一端搓尖當頭部。

8 用剪刀在頭部上方剪出三角形為兔耳朵。

9 包子麵團刷少許水，貼上黑芝麻當兔子眼睛，依序完成另3個。

【發酵】

10 包子麵團放在不沾紙，發酵30分鐘至原來1.6倍大。

【蒸熟】

11 待蒸籠鍋子水煮滾，包子放在飯巾上方，上層鍋與鍋蓋間插入木筷子。

12 以大火蒸到產生蒸氣，轉中火續蒸17分鐘即關火，不開蓋並且燜2分鐘。

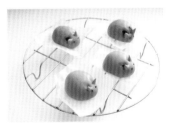

13 再慢慢平移鍋蓋，立即取出包子放在涼架待涼。

陳老師叮嚀：

- 喜宴的兔子包幾乎是白色，或是添加人工紅色素做出紅麵皮，而這裡使用天然紅麴粉染出紅色更健康。
- 內餡可換成紅豆餡、綠豆餡，也非常好吃。

海洋貝殼包

份量
4 個

材料

- 蝶豆花麵團（藍）………… 120g →P.40
- 海鮮餡 ……………………… 80g →P.53
- 鏡面果膠 ………………………… 5g
- 食用彩色糖珠 …………………… 5g

造型工具：
- 切麵刀…………………………… 1 片

作法

【分割造型】

1 將海鮮餡分成 4 份、每份20g。

2 藍麵團壓揉至光滑。

3 藍麵團分成 4 個（每個30g），分別搓圓。

4 藍麵團微壓扁，再擀成直徑8cm圓片。

5 每片藍麵皮包入1份海鮮餡。

6 用大拇指與食指抓起麵皮打摺，收口黏合。

接續下一頁

7 用切麵刀於麵團表面壓出數道壓痕，依序完成另3個。

8 每個包子麵團放在不沾紙，發酵30分鐘至原來1.6倍大。

9 待蒸籠鍋子水煮滾，包子放在飯巾上方，上層鍋與鍋蓋間插入木筷子。

10 以大火蒸到產生蒸氣，轉中火續蒸17分鐘即關火，不開蓋並且燜2分鐘。

11 再慢慢平移鍋蓋，立即取出包子放在涼架待涼。

12 在包子表面刷上鏡面果膠。

13 黏上食用彩色糖珠即可。

陳老師叮嚀：

- 烘焙材料行有販售多色的糖珠，用來裝飾會很漂亮。
- 內餡及麵皮顏色可依個人喜好替換。

爆漿珍奶核桃包

材 料

- 可可麵團（深褐）⋯⋯⋯⋯120g →P.32
- 爆漿珍奶餡⋯⋯⋯⋯⋯⋯⋯⋯80g →P.49

造型工具：

- 衣夾⋯⋯⋯⋯⋯⋯⋯⋯⋯⋯⋯⋯⋯⋯ 1 個

作 法

【分割造型】

1 爆漿珍奶餡分成4份(每份20g) 。

2 深褐麵團壓揉至光滑。

3 深褐麵團分成4個(每份30g) ，分別滾圓。

4 深褐麵團微壓扁，再擀成直徑8cm圓片。

5 每片麵皮包入1份爆漿珍奶餡。

6 用手虎口捏合，並搓成圓形。

7 衣夾沾少許麵粉，從麵團頂端往下輕夾。

8 間隔輕輕夾出 5 道夾痕，形成核桃殼紋路。

9 每個包子麵團放在不沾紙，發酵30分鐘至原來1.6倍大。

【蒸熟】

10 待蒸籠鍋子水煮滾，包子放在飯巾上方，上層鍋與鍋蓋間插入木筷子。

11 以大火蒸到產生蒸氣，轉中火續蒸17分鐘即關火，不開蓋燜2分鐘。

12 再慢慢平移鍋蓋，立即取出包子放在涼架待涼。

陳老師叮嚀：

- 製作核桃殼紋路可以使用花鉗夾完成，但衣夾子更方便且家中隨手可得。
- 內餡可依喜好換成其他甜餡或鹹餡。

紅白獅子頭包

份量
4個

材料

- 紅麴麵團（紅）············· 120g →P.36
- 基本麵團（白）············· 120g →P.31
- 獅子頭餡··················· 4個 →P.60

作法

【分割造型】

1 紅麵團、白麵團分別壓揉至光滑。

2 兩色麵團微壓扁，分別擀成長20×寬12cm長方形。

3 白麵皮抹水後疊上紅麵皮，再擀至長25cm，收口處擀薄。

4 整片麵皮抹少許水，由下往上捲起成圓柱，並黏合收口處。

5 鬆弛3分鐘，左右兩端修齊後切成4段。

6 螺旋面朝上後擀成直徑10cm圓片。

接續下一頁

7 再包入獅子頭餡，用手虎口捏合。

8 接著塑成圓形，依序完成另外3個。

9 包子麵團放在不沾紙，發酵30分鐘至原來1.6倍大。

【蒸熟】

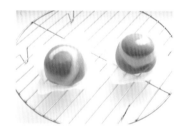

10 待蒸籠鍋子水煮滾，包子放在飯巾上方，上層鍋與鍋蓋間插入木筷子。

11 以大火蒸到產生蒸氣，轉中火續蒸17分鐘即關火，不開蓋並且燜2分鐘。

12 再慢慢平移鍋蓋，立即取出包子放在涼架待涼。

陳老師叮嚀：

- 收口處擀薄目的可避免麵皮太厚。
- 麵團鬆弛3分鐘讓麵筋軟化，方便後續擀圓片更好操作。
- 圓形包也可塑成橢圓形，或是兩色麵團揉合大理石紋路再分割4份包裹。

松茸香腸起司包

份量 4個

材料

- 基本麵團（白）⋯⋯⋯⋯ 180g →P.31
- 香腸起司餡 ⋯⋯⋯⋯⋯ 80g →P.58
- 可可粉（無糖）⋯⋯⋯⋯⋯ 40g
- 鏡面果膠 ⋯⋯⋯⋯⋯⋯⋯⋯ 5g

造型工具：

- 刷毛 ⋯⋯⋯⋯⋯⋯⋯⋯⋯⋯ 2個
- 吹風機 ⋯⋯⋯⋯⋯⋯⋯⋯⋯ 1支

Part 3 包出好滋味 包子

接續下一頁

| 131 |

作 法

【分割造型】

1 香腸起司餡分成4份（每份20g）。

2 白麵團壓揉至光滑。

3 再分成4個（每份30g）、4個（每個15g），分別滾圓。

4 將30g白麵團微壓扁，再擀成直徑8cm圓片。

5 每片麵皮包入1份香腸起司餡。

6 用大拇指與食指抓起麵皮打摺，收口黏合。

7 將15g白麵團搓成長度6cm圓柱當蒂頭。

8 取20g可可粉和少許水拌勻，拌至微濃稠半流體即是可可醬。

9 在包餡的麵團表面刷上可可醬。

【發酵】　　　　　　　【蒸熟】

10 再用吹風機弱風慢慢吹出松茸紋路。

11 松茸包子麵團放在不沾紙，發酵30分鐘至原來1.6倍大。

12 待蒸籠鍋子水煮滾，包子放在飯巾上方，上層鍋與鍋蓋間插入木筷子。

　　　　　　　　　　　　　　　　　　　　【後製】

13 以大火蒸到產生蒸氣，轉中火續蒸17分鐘即關火，不開蓋並且燜2分鐘。

14 再慢慢平移鍋蓋，立即取出包子放在涼架待涼。

15 在松茸頭底部輕壓出淺凹槽，蒂頭一端刷上鏡面果膠後與松茸頭黏合。

16 用另1支乾毛刷沾剩餘可可粉，再刷於蒂頭即可。

陳老師叮嚀：
- 吹風機的風力選最小，需要耐心將可可醬吹出松茸紋路，大約3～5分鐘。
- 請準備兩支毛刷，刷可可醬（濕）與可可粉（乾）的毛刷需要分開。

薯芋花朵包

份量
4個

材料

- 基本麵團（白）……………122g →P.31
- 紫薯麵團（紫）……………80g →P.28
- 薑黃麵團（黃）……………20g →P.34
- 紅豆餡 ……………………80g →P.44

造型工具：

- 直徑 2.5cm 星形模 ………………1個
- 刀 ……………………………………1支

作法

【分割造型】

1 紅豆餡分成4份（每份20g），搓圓。

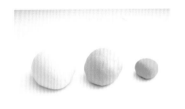

2 白麵團、紫麵團、黃麵團分別壓揉至光滑，取2g白麵團搓4個小圓備用。

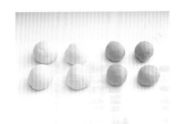

3 剩餘白色分4個、每個30g，紫色分4個、每個20g，分別滾圓。

4 白色、紫色分別擀成直徑6cm圓片，抹少許水後重疊。

5 白色麵皮朝上後包入紅豆餡，用手虎口捏合，依序完成另3個。

6 黃麵團微壓扁，擀成正方形薄片。

接續下一頁 ➜

7 用星形模壓出4個當蒂頭，抹少許水。

8 再黏於紫色麵團，預留的白色小圓沾水後黏於蒂頭。

9 在紫色麵皮表面輕輕劃出6道刀痕。

【發酵】

【蒸熟】

10 包子麵團放在不沾紙，發酵30分鐘至原來1.6倍大。

11 待蒸籠鍋子水煮滾，包子放在飯巾上方，上層鍋與鍋蓋間插入木筷子。

12 以大火蒸到產生蒸氣，轉中火續蒸17分鐘即關火，不開蓋並且燜2分鐘。

13 再慢慢平移鍋蓋，立即取出包子放在涼架待涼。

陳老師叮嚀：

- 紅豆餡可依喜好換成其他內餡。
- 花朵包底部墊不沾紙方便劃刀痕，在劃刀時勿劃到紅豆餡，以免蒸製時爆餡。
- 若皮太軟不好劃刀，可先放入密封盒冷凍5分鐘（或冷藏10分鐘）至皮微硬，取出後更好劃刀。

三色餛飩包

材料

- 基本麵團（白）……………50g →P.31
- 薑黃麵團（黃）……………50g →P.34
- 竹炭麵團（黑）……………50g →P.35
- 紅豆餡…………………………40g →P.44

造型工具：

- 直徑 8cm 圓模……………………… 1 個

作 法

【分割造型】

1 紅豆餡分成10份(每個 4g)，搓圓。

2 三色麵團分別壓揉至 光滑。

3 三種顏色麵團微壓 扁，分別擀成長20× 寬6cm橢圓片。

4 從長邊對切，每片麵 皮皆抹少許水。

5 三色分兩組，依序各1 片黃、黑、白麵皮重 疊，重疊處約1cm。

6 再擀數次讓麵皮彼此 更緊貼。

7 兩端先修齊,再用圓模壓出8cm圓片。

8 三色麵皮包入紅豆餡。

9 在麵皮四周抹少許水後對折,並壓密合。

10 把左右兩端麵皮向上重疊,並以水黏合。

【發酵】

11 包子麵團放在不沾紙,發酵30分鐘至原來1.6倍大。

【蒸熟】

12 待蒸籠鍋子水煮滾,包子放在飯巾上方,上層鍋與鍋蓋間插入木筷子。

13 以大火蒸到產生蒸氣,轉中火續蒸17分鐘即關火,不開蓋並且燜2分鐘。

14 再慢慢平移鍋蓋,立即取出包子放在涼架待涼。

陳老師叮嚀:

- 三色麵團顏色及內餡可依喜好變化。
- 每片麵皮重疊交接處務必抹上少許水黏合,並重複擀一擀才更緊貼。

黑金奶黃流沙包

份量
4個

- 竹炭麵團（黑）…………120g →P.35
- 奶黃流沙餡 ……………4個 →P.50
- 食用金色色膏 ……………………10g

作 法

【分割造型】

1 黑麵團壓揉至光滑,再分成4個(每個30g),滾圓。

2 黑麵團微壓扁,再擀成直徑7cm圓形。

3 每片黑麵皮包入1個奶黃流沙餡,收口捏緊成球形。

【發酵】

4 每個包子麵團放在不沾紙,發酵30分鐘至原來1.6倍大。

【蒸熟】

5 待蒸籠鍋子水煮滾,包子放在飯巾上方,上層鍋與鍋蓋間插入木筷子。

6 以大火蒸到產生蒸氣,轉中火續蒸17分鐘即關火,不開蓋燜2分鐘。

7 再慢慢平移鍋蓋,立即取出流沙包子放在涼架,待涼。

【後製】

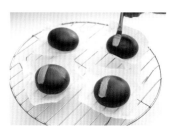

8 在放涼的包子表面刷上食用金色色膏即可。

陳老師叮嚀:

- 奶黃流沙餡遇到溫暖的環境容易融化,所以等要包的時候再從冷凍庫取出。
- 奶黃流沙包趁有熱度時食用才容易流沙,食用時多小心勿大口咬,以免燙口。
- 食用金色色膏主原料為食用金粉所調製,可到烘焙材料行購買,若沒有也可省略。

脆皮水煎包

材料

- 雜糧麵團（淺褐）·········· 120g →P.33
- 菜肉餡 ························ 100g →P.54

陳老師叮嚀：

- 麵粉水的調配比例為（水100g：中筋麵粉5g）。
- 水煎包煎好後，趁溫溫時食用的口感最佳。
- 內餡可依喜好替換其他鹹餡料。

作法

【分割造型】

1 將菜肉餡分成4份（每份25g）。

2 淺褐麵團壓揉至光滑，再分成4個（每個30g），滾圓。

3 麵團微壓扁，再擀成直徑8cm圓片。

4 每片雜糧麵皮包入1份菜肉餡。

5 用大拇指與食指抓起麵皮打摺，收口黏合。

【發酵】

6 每個包子麵團放在不沾紙，發酵30分鐘至原來1.6倍大。

【煎熟】

7 平底鍋倒入少許油以中火加熱，再轉小火，排上包子。

8 分3次倒入麵粉水（每5分鐘一次），並蓋上鍋蓋燜煎。

9 等待15分鐘一到立即開蓋，續煎至鍋內無水，取出包子即可。

時尚皇冠包

份量
4 個

材料

- 薑黃麵團（黃）⋯⋯⋯⋯⋯120g →P.34
- 紅豆餡 ⋯⋯⋯⋯⋯⋯⋯⋯⋯40g →P.44

作法

【分割造型】

1 將紅豆餡分成4份（每個10g），搓圓。

2 黃麵團壓揉至光滑。

3 再分成4個、每個30g，分別滾圓。

4 麵團微壓扁，再擀成直徑8cm圓形。

5 抹少許水於麵皮，將麵皮向內折成三角形。

6 麵皮翻面，放上紅豆餡於麵皮中間。

7 麵皮四周抹少許水，向內折成三角形並把交接處捏緊。

8 每個三角拉出成立體三角。

9 先把第一角捏合後往內折。

接續下一頁 ➡

10 用大拇指與食指往上推捏麵皮成波浪摺。

11 進行第二角捏合後往內折。

12 繼續往上推捏，形成波浪摺。

13 最後完成第三角推捏波浪摺，依序完成另3個。

【發酵】

14 包子麵團放在不沾紙，發酵30分鐘至原來1.6倍大。

【蒸熟】

15 待蒸籠鍋子水煮滾，包子放在飯巾上方，上層鍋與鍋蓋間插入木筷子。

16 以大火蒸到產生蒸氣，轉中火續蒸17分鐘即關火，不開蓋並且燜2分鐘。

17 再慢慢平移鍋蓋，立即取出包子放在涼架待涼。

陳老師叮嚀：

- 包子蒸好後可用食用珍珠粒裝飾。
- 內餡可以換成其他甜餡，不適合包鹹餡，因外皮不宜捏太複雜的造型。
- 麵皮的接合處必須抹少許水，以防蒸好的成品開口。

泰式風味粉紅包

材料

- 基本麵團（白）………… 122g →P.31
- 火龍果麵團（粉紅）…… 120g →P.42
- 抹茶麵團（綠）………… 20g →P.38
- 泰式打拋豬餡 ………… 120g →P.59

造型工具：

- 直徑 2.5cm 花朵模 ………………… 1 個
- 圓頭塑型工具 ………………… 1 支

作 法

【分割造型】

1 泰式打拋豬餡分成4份（每個30g）。

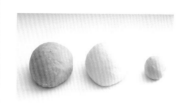

2 三色麵團分別壓揉至光滑，取2g白色搓出4個小圓備用。

3 將120g白色、粉紅色微壓扁，分別擀成長20×寬12cm長方形。

4 白麵皮抹水後疊上粉紅麵皮，再擀至長25cm，收口處擀薄。

5 整片麵皮抹少許水後捲成圓柱，收口處黏合。

6 鬆弛3分鐘，左右兩端修齊後切成4段。

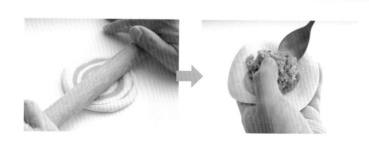

7 螺旋面朝上，再擀成直徑10cm圓片。

8 再包入泰式打拋豬餡。

9 用大拇指與食指抓起麵皮打摺，收口黏合。

10 塑成山形，依序完成另3個。

11 綠色擀成薄片後用壓模壓出4片小花朵。

12 小花朵再黏貼於麵團表面，用圓頭塑型工具搓出凹痕。

13 再黏上預留的白色小圓裝飾。

【發酵】

14 包子麵團放在不沾紙，發酵30分鐘至原來1.6倍大。

【蒸熟】

15 待蒸籠鍋子水煮滾，包子放在飯巾上方，上層鍋與鍋蓋間插入木筷子。

16 以大火蒸到產生蒸氣，轉中火續蒸17分鐘即關火，不開蓋燜2分鐘。

17 再慢慢平移鍋蓋，立即取出包子放在涼架待涼。

陳老師叮嚀：

- 麵團顏色及內餡組合，可依個人喜好變化。
- 麵團捲成圓柱後需要鬆弛3分鐘讓麵筋軟化，後續擀圓片較方便擀開。

螺旋琉璃包

份量
4個

材料

- 基本麵團（白）·············· 120g →P.31
- 蝶豆花麵團（藍）········· 120g →P.40
- 綠豆餡··············· 80g →P.48

造型工具：

- 刀·································· 1支

150

作法

【分割造型】

1 將綠豆餡分成4份(每份 20g)，搓圓。

2 白色、藍麵團壓揉至 光滑，各分成兩個(每 個60g)。

3 麵團微壓扁再擀成長 20cm橢圓形，抹水後 兩色麵皮重疊。

4 白色面朝上後擀成長 25cm橢圓形，從長邊 的中間切開。

5 抹水後兩片重疊，擀至 長35cm、兩端桿薄， 並整片抹少許水。

6 兩端向中間捲成雙捲， 依序完成另1捲。

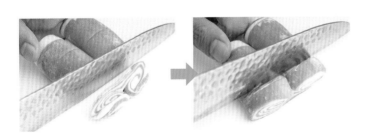

7 放入密封盒冷藏10分鐘至 微硬，取出後將麵捲兩端 修齊。

8 在麵捲前半部1/2處切1刀 (底部留1cm不斷)，麵皮 連接處朝下，下刀切斷。

9 切成一刀不斷、一刀斷的蝴蝶片。

10 每捲麵團可切成兩段蝴蝶片。

11 雙螺旋面朝上，擀成直徑9cm圓形，四周擀薄。

12 抹少許水後包入綠豆餡，捏合並塑成圓球。

【發酵】

13 包子麵團放在不沾紙，發酵30分鐘至原來1.6倍大。

【蒸熟】

14 將下層鍋水煮滾，包子放在飯巾上方，上層鍋與鍋蓋間插入木筷子。

15 以大火蒸到產生蒸氣，轉中火續蒸17分鐘即關火，不開蓋並且燜2分鐘。

16 再慢慢平移鍋蓋，立即取出包子放在涼架待涼。

陳老師叮嚀：

- 麵捲冷藏至微硬，方便後續切片造型。
- 蝴蝶片四周擀薄並刷水，可讓後續較好捏合，若太厚則外皮不易捏合。
- 放涼的包子表面可用鏡面果膠黏上食用珍珠粒，能提升產品價值感。

菊花造型包

材料

- 抹茶麵團（綠）⋯⋯⋯⋯168g →P.38
- 鮮奶麵團（乳白）⋯⋯⋯30g →P.41
- 火龍果麵團（粉紅）⋯⋯10g →P.42
- 綠豆餡⋯⋯⋯⋯⋯⋯⋯80g →P.48

造型工具：

- 直徑2.5cm 花朵模 ⋯⋯⋯⋯⋯⋯ 1 個
- 圓頭塑型工具 ⋯⋯⋯⋯⋯⋯⋯⋯ 1 支
- 剪刀 ⋯⋯⋯⋯⋯⋯⋯⋯⋯⋯⋯ 1 支

接續下一頁 →

【分割造型】

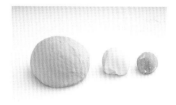

1 綠豆餡分成4份、每份20g後搓圓，3色麵團分別壓揉至光滑。

2 綠色各分4個(25g、12g、5g)，乳白色各分4個(7g、0.5g)。

3 將25g綠麵團微壓扁，再擀成直徑8cm圓片。

4 再包入綠豆沙後捏合，微壓扁為綠豆沙包麵團，依序完成另3個。

5 將7g乳白色麵皮擀薄後包入5g綠麵團，收口捏合。

6 將12g綠麵皮擀薄後包入作法5麵團，收口捏合並滾圓。

7 麵團微壓扁，擀成直徑8cm圓形。

8 圓頭塑型工具在綠麵皮中間輕壓出凹痕做記號。

9 剪刀沾少許沙拉油，於壓痕外平均剪出8等份為花瓣。

10 將花瓣往上翻讓切面上形成菊花，依序完成另3個。

11 粉紅色擀薄後壓4朵小花。

12 菊花麵團表面刷少許水，黏上粉紅小花及乳白色小圓。

13 綠豆沙包麵團表面抹水，把菊花麵團黏上即可。

【發酵】

14 包子麵團放在不沾紙，發酵30分鐘至原來1.6倍大。

【蒸熟】

15 待蒸籠鍋子水煮滾，包子放在飯巾上方，上層鍋與鍋蓋間插入木筷子。

16 以大火蒸到產生蒸氣，轉中火續蒸17分鐘即關火，不開蓋燜2分鐘。

17 再慢慢平移鍋蓋，立即取出包子放在涼架待涼。

陳老師叮嚀：

- 剪菊花麵團的每刀距離需要一致，如此菊花造型才會漂亮。
- 剪刀沾少許油可防麵團黏在剪刀，或是麵團先放入冰箱冷凍或冷藏數分鐘至微硬更好剪。

捲出多樣化
「花捲」

饅頭的升級版即是花捲，外觀比饅頭更多樣化，只要隨手拿支筷子並跟著步驟圖的繞捲技巧，就能開心捲出粉粉愛心花捲、雙色蜜桃捲、香蔥火腿花捲、抹茶紅豆花捲、立體花朵捲、暖暖圍巾花捲、棒棒糖花捲、繽紛花圈捲、飛舞蝴蝶花捲等，趕快動手試試看，絕對可玩出豐富百變的花捲。

飛舞蝴蝶花捲

份量
4個

接續下一頁

材料

- 鮮奶麵團（乳白）………… 100g →P.41
- 梔子麵團（橘）…………… 100g →P.39

造型工具：
- 筷子 ………………………………… 1雙

作法

【分割造型】

1 橘麵團、乳白麵團分別壓揉至光滑。

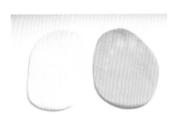

2 兩色麵團稍微壓扁，分別擀成長20×寬12cm長方形。

3 橘麵皮抹水後疊上乳白色麵皮，稍微擀數次讓麵皮更緊貼。

4 橘麵皮朝上抹少許水（上方收口處留1cm不抹水）。

5 由下往上捲起並捲緊（收口處1cm未抹水處不捲）。

6 再切成8段，兩段麵皮分一組(收口處黃麵皮朝下）。

7 乳白麵皮抹水，兩段乳白麵皮靠攏並黏合。

8 紋路面朝上，用筷子在兩捲中間處往內夾緊固定。

【發酵】

9 花捲麵團放在不沾紙，發酵30分鐘至原來1.6倍大。

【蒸熟】

10 待蒸籠鍋子水煮滾，花捲放在飯巾上方，上層鍋與鍋蓋間插入木筷子。

11 以大火蒸到產生蒸氣，轉中火續蒸17分鐘即關火，不開蓋並且燜2分鐘。

12 再慢慢平移鍋蓋，立即取出花捲放在涼架待涼。

陳老師叮嚀：

- 麵團切段時，每段的長度必須一樣。
- 蝴蝶花捲內外的顏色可依喜好替換。
- 可於作法4 抹水後鋪上蔥末或火腿末一起捲，花捲風味更佳。

粉粉愛心花捲

材料

- 火龍果麵團（粉紅）········ 100g →P.42
- 鮮奶麵團（乳白）·········· 100g →P.41
- 鏡面果膠 ··································· 5g
- 食用彩色糖珠 ····························· 5g

造型工具：

- 筷子 ··· 1支

作法

【分割造型】

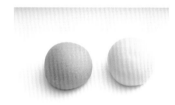

1 粉紅麵團、乳白麵團分別壓揉至光滑。

2 兩色各分成4個（每個25g），分別滾圓。

3 每個小麵團微壓扁，再擀成直徑8cm圓形。

4 粉紅麵皮抹上少許水，疊上乳白色麵皮，再擀成直徑10cm圓片。

5 筷子在重疊的麵皮中心往下壓出一線。

6 麵皮表面抹少許水，對折黏合成半圓形。

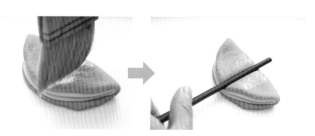

7 半圓麵皮抹少許水。

8 筷子放於中心處。

9 左右兩端麵皮向上拉起捏合。

10 筷子固定不動，把花捲麵團立起。

11 一手捏住花捲麵團，另一手把筷子往下壓。

12 再慢慢拉出筷子即完成愛心造型，依序完成另3個。

13 花捲麵團放在不沾紙，發酵30分鐘至原來1.6倍大。

【蒸熟】

14 待蒸籠鍋子水煮滾，花捲放在飯巾上方，上層鍋與鍋蓋間插入木筷子。

15 以大火蒸到產生蒸氣，轉中火續蒸17分鐘即關火，不開蓋並且燜2分鐘。

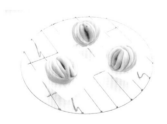

16 再慢慢平移鍋蓋，立即取出花捲放在涼架待涼。

【後製】

17 在花捲表面刷鏡面果膠，均勻黏上彩色糖珠即可。

陳老師叮嚀：

- 作法8～11的筷子必須固定中心線不位移，才能成功拉出漂亮的愛心造型。
- 每個花捲收口處記得抹水，能避免成品開口狀況。
- 麵團顏色可自由搭配，兩種麵團擀圓的直徑需要一樣，做出來的花捲才會漂亮。

Part 4 捲出多樣化 花捲

編織香腸花捲

份量
4個

接續下一頁 ➡

材料

● 火龍果麵團（粉紅）⋯⋯⋯⋯ 80g →P.42
● 薑黃麵團（黃）⋯⋯⋯⋯⋯⋯ 80g →P.34
● 抹茶麵團（綠）⋯⋯⋯⋯⋯⋯ 80g →P.38
● 德國香腸 ⋯⋯⋯⋯⋯⋯⋯⋯ 4 條（80g）

作法

【分割造型】

1 粉紅、黃色、綠色麵團
分別壓揉至光滑。

2 麵團微壓扁，各別分
成4個(每個20g)，分
別滾圓。

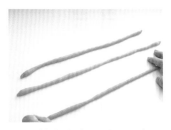

3 所有小麵團都搓成長
度35cm條狀。

4 三色1組(左至右排列：
粉紅、黃、綠)，一端
重疊並壓緊。

5 開始交叉疊，綠色疊在
黃色上方。

6 粉紅色疊在綠色上方。

7 黃色疊在粉紅色上方。

8 重複此順序交叉疊至完成，尾端捏緊，依序完成另外3組。

9 三色麵捲繞於德國香腸，由下往上繞成螺旋狀後黏合。

【發酵】

10 花捲麵團放在不沾紙，發酵30分鐘至原來1.6倍大。

【蒸熟】

11 待蒸籠鍋子水煮滾，花捲放在飯巾上方，上層鍋與鍋蓋間插入木筷子。

12 以大火蒸到產生蒸氣，轉中火續蒸17分鐘即關火，不開蓋並且燜2分鐘。

13 再慢慢平移鍋蓋，立即取出花捲放在涼架待涼。

陳老師叮嚀：

- 台式香腸不適合使用，因為蒸好後會流出大量油。
- 三種麵團顏色可隨喜好搭配，記得每條需要搓出一樣的長度。

雙色蜜桃捲

材料

- 基本麵團（白） ·············· 100g →P.31
- 紫薯麵團（紫） ·············· 100g →P.28
- 沙拉油 ··························· 5g

造型工具：

- 筷子 ···································· 1支

接續下一頁 ➡

【分割造型】

1 兩色麵團壓揉至光滑，各分成4個（每個25g）後滾圓。

2 每個小麵團微壓扁，再擀成直徑8cm圓形。

3 紫色麵皮表面刷上少許沙拉油。

4 疊上白色麵皮，依序完成另3份相疊。

5 再擀成直徑10cm圓片，並讓麵皮更緊貼。

6 每份雙色麵皮切十字刀成1/4扇形。

7 將4片扇形麵皮表面抹水，依序疊高。

8 用手微壓扁讓麵皮間更緊貼。

9 拿筷子順著麵皮尖端向下壓出中心線壓痕。

10 左右兩邊麵皮向中心線靠攏。

11 抹少許水後捏緊，依序完成另外3個，鬆弛3分鐘。

12 翻面後於中心凹處抹少許水。

13 三角尖處向下翻壓並且黏合，讓花捲紋路更加明顯。

【發酵】

14 花捲麵團放在不沾紙，發酵30分鐘至原來1.6倍大。

【蒸熟】

15 待蒸籠鍋子水煮滾，花捲放在飯巾上方，上層鍋與鍋蓋間插入木筷子。

16 以大火蒸到產生蒸氣，轉中火續蒸17分鐘即關火，不開蓋燜2分鐘。

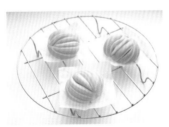

17 再慢慢平移鍋蓋，立即取出花捲放在涼架待涼。

陳老師叮嚀：

- 作法3 麵皮抹少許沙拉油黏合，可讓蒸好的花捲紋路更有層次感。
- 每個花捲收口處記得抹水，避免成品開口狀況。
- 兩種麵團擀圓的直徑需要一致，做出來的花捲才會漂亮。
- 造型過程較多時，麵團需要鬆弛，以利後續更好擀開和造型。

棒棒糖花捲

份量
4個

材料

- 鮮奶麵團（乳白）
  ⋯⋯⋯⋯100g →P.41
- 紫薯麵團（紫）
  ⋯⋯⋯⋯100g →P.28
- 鏡面果膠⋯⋯⋯⋯⋯⋯5g
- 食用彩色愛心糖片⋯⋯3g

陳老師叮嚀：

- 麵團顏色可依喜好替換，
  而且兩種麵團搓長的長度
  需要一樣，捲好的花捲才
  會漂亮。
- 棒棒糖花捲放涼後，也可淋
  上融化巧克力或黏上彩色巧
  克力米，能讓朋友更喜歡這
  道花捲。

![作法]

【分割造型】

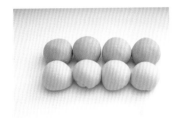

1 兩色麵團壓揉至光滑，各分成4個（每個25g）滾圓。

2 所有小麵團都搓成長度25cm條狀，並且刷上少許水。

3 兩色各取1條搓成均勻的雙色麻花捲。

4 再繞成蝸牛螺旋狀，在麵團底部壓入1支冰棒棍，依序完成另3支。

【發酵】

5 花捲麵團放在不沾紙，發酵30分鐘至原來1.6倍大。

【蒸熟】

6 待蒸籠鍋子水煮滾，花捲放在飯巾上方，上層鍋與鍋蓋間插入木筷子。

7 以大火蒸到產生蒸氣，轉中火續蒸17分鐘即關火，不開蓋燜2分鐘。

8 再慢慢平移鍋蓋，立即取出棒棒糖花捲放在涼架，待涼。

【後製】

9 在花捲表面刷鏡面果膠，均勻黏上彩色愛心糖片即可。

鮮奶起司花捲

份量
4 個

材料

- 鮮奶麵團（乳白）
  ………… 200g →P.41
- 起司片…… 2 片（26g）
- 火腿片（切末）…… 10g
- 海苔粉……………… 2g

陳老師叮嚀：

- 海苔粉可換起司粉，增加起司風味。
- 麵團可再多1種顏色，做成雙色層次的花捲。

作法

【分割造型】

1 乳白麵團壓揉至光滑。

2 麵團微壓扁,再擀成長25×寬12cm長方形,收口處擀薄。

3 整片麵皮抹少許水,鋪上起司片,向上捲起並捲緊成圓柱狀。

【發酵】 【蒸熟】

4 麵團兩端修齊後切4段,切面朝上平放,再撒上火腿末。

5 花捲麵團放在不沾紙,發酵30分鐘至原來1.6倍大。

6 待蒸籠鍋子水煮滾,花捲放在飯巾上方,上層鍋與鍋蓋間插入木筷子。

【後製】

7 以大火蒸到產生蒸氣,轉中火續蒸17分鐘即關火,不開蓋燜2分鐘。

8 再慢慢平移鍋蓋,立即取出起司花捲放在涼架,待涼。

9 將海苔粉撒於放涼的花捲即可。

螺旋熱狗捲

材料

- 基本麵團（白）…………100g →P.31
- 栀子麵團（橘）…………100g →P.39
- 熱狗……………………4條（80g）

陳老師叮嚀：

- 包裹的熱狗可換成德國香腸，口感與風味也佳。
- 雙色麵團的顏色可自行組合，兩色麵團搓長的長度需要一樣。

作法

【分割造型】

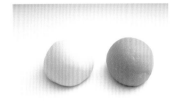

1 白麵團、橘麵團分別壓揉至光滑。

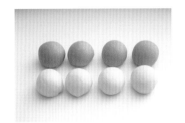

2 兩色麵團各分4個(每個25g)，滾圓。

3 所有小麵團搓成長35cm條狀，並且刷上少許水。

4 兩色各取1條搓成均勻的雙色麻花捲。

5 再繞著熱狗，由下往上繞成螺旋狀後黏合。

【發酵】

6 花捲麵團放在不沾紙，發酵30分鐘至原來1.6倍大。

【蒸熟】

7 待蒸籠鍋子水煮滾，花捲放在飯巾上方，上層鍋與鍋蓋間插入木筷子。

8 以大火蒸到產生蒸氣，轉中火續蒸17分鐘即關火，不開蓋燜2分鐘。

9 再慢慢平移鍋蓋，立即取出熱狗花捲放在涼架，待涼。

紫芋花捲

材料

- 紫薯麵團（紫）............200g →P.28
- 芋頭絲 50g

陳老師叮嚀：

- 麵皮收口處擀薄，以利後續更易黏合，也能避免後續捲好形成厚厚的收口。
- 麵團可再加1種顏色重疊，做成雙色花捲。

作 法

【分割造型】

1 紫麵團壓揉至光滑。

2 麵團微壓扁,再擀成長25×寬12cm長方形,收口處擀薄。

3 整片麵皮抹少許水,鋪上芋頭絲,向上捲緊成圓柱狀。

4 麵團兩端修齊後,切成4小段。

【發酵】

5 花捲麵團放在不沾紙,發酵30分鐘至原來1.6倍大。

【蒸熟】

6 待蒸籠鍋子水煮滾,花捲放在飯巾上方,上層鍋與鍋蓋間插入木筷子。

7 以大火蒸到產生蒸氣,轉中火續蒸17分鐘即關火,不開蓋燜2分鐘。

8 再慢慢平移鍋蓋,立即取出紫芋花捲放在涼架,待涼。

暖暖圍巾花捲

份量
4 個

材料

- 紫薯麵團（紫色）・・・・・・・・・80g →P.28
- 梔子麵團（橘）・・・・・・・・・・・80g →P.39
- 火龍果麵團（粉紅）・・・・・・・80g →P.42

造型工具：

- 剪刀・・・・・・・・・・・・・・・・・・・・・・・・・・・1 支

作法

【分割造型】

1 紫色、橘色、粉紅麵團
分別壓揉至光滑。

2 麵團微壓扁，再各別
分成4個（每個20g），
分別滾圓。

3 所有小麵團都搓成長
度35cm條狀。

4 三色1組（左至右排列：
粉紅、橘、紫），一端
重疊並壓緊。

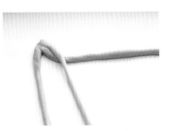

5 開始交叉疊，紫色疊在
橘色上方。

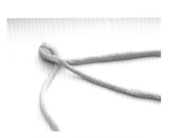

6 粉紅色疊在紫色上方。

接續下一頁

7 橘色疊在粉紅色上方。

8 重複此順序交叉疊至完成，尾端壓平。

9 用擀麵棍將尾端擀薄。

10 每條尾端用剪刀剪成絲狀，依序完成另外3組。

【發酵】

11 花捲麵團放在不沾紙，發酵30分鐘至原來1.6倍大。

【蒸熟】

12 待蒸籠鍋子水煮滾，花捲放在飯巾上方，上層鍋與鍋蓋間插入木筷子。

13 以大火蒸到產生蒸氣，轉中火續蒸17分鐘即關火，不開蓋燜2分鐘。

14 再慢慢平移鍋蓋，立即取出花捲放在涼架待涼。

陳老師叮嚀：

- 發酵時需平放，才不會容易變形。
- 外觀顏色也可依自己喜好替換。
- 三種顏色麵團搓長的長度需要一致。

香蔥火腿花捲

份量
4 個

材料

- 基本麵團（白）⋯⋯⋯⋯⋯ 160g →P.31
- 火腿末 ⋯⋯⋯⋯⋯⋯⋯⋯⋯⋯⋯⋯ 30g
- 蔥末 ⋯⋯⋯⋯⋯⋯⋯⋯⋯⋯⋯⋯⋯ 30g
- 沙拉油 ⋯⋯⋯⋯⋯⋯⋯⋯⋯⋯⋯⋯⋯ 5g

- 白胡椒粉 ⋯⋯⋯⋯⋯⋯ 2g
- 鹽 ⋯⋯⋯⋯⋯⋯⋯⋯⋯⋯ 2g

造型工具：

- 筷子 ⋯⋯⋯⋯⋯⋯⋯⋯ 1 支

作法

【分割造型】

1 白麵團壓揉至光滑。

2 麵團微壓扁後擀成長 24×寬14cm長方形。

3 麵皮抹上沙拉油，均勻撒上白胡椒粉、鹽，並且抹均勻。

4 再鋪上火腿末、蔥末。

5 由長邊往下對折成長方形。

6 兩端麵皮修齊，平均切成8段。

陳老師叮嚀：

- 旋轉成麻花捲後，需要鬆弛3分鐘讓麵筋軟化，後續造型才方便操作。
- 每段麵皮需要等長，如此捲出來的花捲才會一致。

7 每兩段重疊，中間重疊處抹少許水。

8 筷子放在麵皮長邊中間，往下壓出一線。

9 雙手拉住麵皮兩端，再慢慢拉到長度30cm。

10 雙手反方向旋轉形成麻花捲，鬆弛3分鐘。

11 繞成蝸牛螺旋狀，依序完成另3個。

【發酵】

12 花捲麵團放在不沾紙，發酵30分鐘至原來1.6倍大。

【蒸熟】

13 待蒸籠鍋子水煮滾，花捲放在飯巾上方，上層鍋與鍋蓋間插入木筷子。

14 以大火蒸到產生蒸氣，轉中火續蒸17分鐘即關火，不開蓋燜2分鐘。

15 再慢慢平移鍋蓋，立即取出花捲放在涼架待涼。

繽紛花圈捲

份量
3個

份量
3個

材料

- 火龍果麵團（粉紅）⋯⋯⋯180g →P.42
- 蝶豆花麵團（藍）⋯⋯⋯⋯60g →P.40
- 鏡面果膠 ⋯⋯⋯⋯⋯⋯⋯⋯ 5g
- 食用彩色糖珠 ⋯⋯⋯⋯⋯⋯ 5g

作法

【分割造型】

1 粉紅麵團、藍麵團分別壓揉至光滑。

2 粉紅麵團分成9個（每個20g），分別滾圓。

3 藍麵團分成3個、每個15g，3個、每個5g，滾圓。

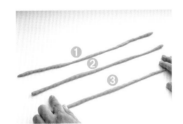

4 每條粉紅麵團搓35cm長條，3條分一組。

5 將3條粉紅麵團其中一端重疊並壓緊。

6 開始交叉疊，編號1疊在2上方。

接續下一頁 →

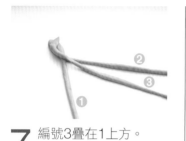

7 編號3疊在1上方。

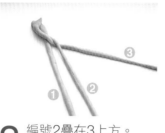

8 編號2疊在3上方。

9 重複此順序交叉疊至完成，尾端捏緊，依序完成另外2組。

10 再環成圓圈並捏緊，放在不沾紙上，依序完成另外兩個。

11 每個15g藍麵團搓成8cm長條。

12 手指在藍麵團中間向下壓出凹痕。

13 用擀麵棍將兩端擀平，中間不用擀。

14 於擀平處抹少許水，再向中間蓋上為蝴蝶結。

15 用手指在上下方捏出立體感，依序完成另外兩份。

陳老師叮嚀：

- 麵團發酵方式可透過烤箱或電鍋，參見P.12。
- 每條粉紅麵團的長度必須一樣，交叉出來的花圈才會漂亮。
- 蝴蝶結和花圈的顏色可自由變化，創造獨一無二的作品。
- 花圈小小的比較可愛，而且一個一人食用份量剛好。

16 每個5g藍麵團搓成6cm長條,擀平。

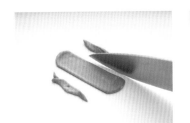

17 四周修齊成長方形,依序完成另外兩份。

18 抹少許水後黏於蝴蝶結中間處。

【發酵】

19 蝴蝶結底部抹少許水,再黏於粉紅花圈上方。

20 花捲麵團發酵30分鐘至原來1.6倍大。

21 待蒸籠鍋子水煮滾,花捲放在飯巾上方,上層鍋與鍋蓋間插入木筷子。

22 以大火蒸到產生蒸氣,轉中火續蒸17分鐘即關火,不開蓋燜2分鐘。

23 再慢慢平移鍋蓋,立即取出花捲放在涼架待涼。

【後製】

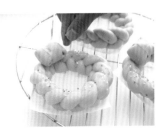

24 花捲表面塗上鏡面果膠,黏上食用彩色糖珠即可。

抹茶紅豆花捲

份量
4個

材料

- 抹茶麵團（綠）………… 100g →P.38
- 基本麵團（白）………… 100g →P.31
- 熟紅豆粒…………………50g →P.46

陳老師叮嚀：

- 鋪熟紅豆粒於麵皮時必須平均，才能捲出漂亮的花捲。
- 抹茶與紅豆一直很速配，做成花捲也受歡迎，可再捲入QQ的麻糬，讓口感多一種選擇。

![作法]

【分割造型】

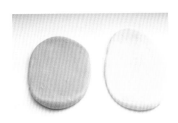

1 兩色麵團分別壓揉至光滑，再擀成長14×寬10cm長方形。

2 綠麵皮抹少許水，疊上白麵皮。

3 白麵皮朝上後擀成長25×寬12cm長方形，收口處擀薄。

4 鋪上熟紅豆粒，再向上捲緊成圓柱狀。

5 麵團兩端修齊後，切成4小段。

【發酵】

6 花捲麵團放在不沾紙，發酵30分鐘至原來1.6倍大。

【蒸熟】

7 待蒸籠鍋子水煮滾，花捲放在飯巾上方，上層鍋與鍋蓋間插入木筷子。

8 以大火蒸到產生蒸氣，轉中火續蒸17分鐘即關火，不開蓋燜2分鐘。

9 再慢慢平移鍋蓋，立即取出抹茶紅豆花捲放在涼架，待涼。

肉鬆蔥蛋花捲

份量
4個

材料

- 基本麵團（白）
  ·············· 200g → P.31
- 肉鬆 ················ 20g
- 蛋絲 ················ 20g
- 蔥末 ················ 15g

陳老師叮嚀：

- 許多人習慣饅頭夾蛋，但是容易邊吃邊掉餡，如果改成捲入花捲，並鋪上肉鬆、蔥末，則食用更方便且風味佳。
- 花捲類捲成圓柱狀時，麵皮必須抹水與捲緊，以免蒸好的花捲內餡鬆散。

作 法

【分割造型】

1 白麵團壓揉至光滑。

2 麵團微壓扁,再擀成長25×寬12cm長方形,收口處擀薄。

3 整片麵皮抹少許水,依序鋪上肉鬆、蛋絲、蔥末。

4 再向上捲緊成圓柱狀。

5 麵團兩端修齊後,切成4小段。

【發酵】

6 花捲麵團放在不沾紙,發酵30分鐘至原來1.6倍大。

【蒸熟】

7 待蒸籠鍋子水煮滾,花捲放在飯巾上方,上層鍋與鍋蓋間插入木筷子。

8 以大火蒸到產生蒸氣,轉中火續蒸17分鐘即關火,不開蓋燜2分鐘。

9 再慢慢平移鍋蓋,立即取出肉鬆蔥蛋花捲放在涼架,待涼。

立體花朵捲

份量
4個

材料

- 梔子麵團（橘）
  ……………100g →P.39
- 基本麵團（白）
  ……………100g →P.31

造型工具：

- 筷子………………… 1 雙
- 刀………………… 1 支

陳老師叮嚀：

- 每個捏合處必須抹水，能避免蒸好的花捲開口而無法形成漂亮蝴蝶。
- 蒸蝴蝶花捲前，可在中心點黏上熟紅豆粒裝飾。
- 兩色麵皮擀圓片的直徑需要一樣。

作 法

【分割造型】

1 兩色麵團壓揉至光滑，各分成4個(每個25g)後滾圓。

2 所有小麵團微壓扁，再擀成直徑8cm圓形。

3 白麵皮抹水後疊上黃麵皮，擀成直徑10cm使麵皮更緊貼。

4 白色麵朝上，用筷子在麵皮壓出一線，對折成半圓形。

5 於麵皮中間切一刀至2/3處。

6 接著翻開麵皮。

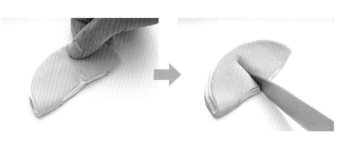

7 對折麵皮至另一邊。

8 在麵皮中間切一刀至2/3處。

接續下一頁 ➜

9 翻開麵皮後抹少許水，將4個切口處向上翻。

10 黃色切口麵皮向下壓和白麵皮黏合。

11 整個麵皮翻面，讓黃色面朝上。

12 麵皮四角捏立體，並將內側黃色麵皮抹少水捏合。

13 用筷子在中心處壓緊，依序完成另外3隻蝴蝶花捲。

【發酵】

14 花捲麵團放在不沾紙，發酵30分鐘至原來1.6倍大。

【蒸熟】

15 待蒸籠鍋子水煮滾，花捲放在飯巾上方，上層鍋與鍋蓋間插入木筷子。

16 以大火蒸到產生蒸氣，轉中火續蒸17分鐘即關火，不開蓋燜2分鐘。

17 再慢慢平移鍋蓋，立即取出花捲放在涼架待涼。

三色螺旋花捲

材料

- 火龍果麵團（粉紅）…………80g →P.42
- 抹茶麵團（綠）……………80g →P.38
- 基本麵團（白）……………80g →P.31
- 沙拉油……………………………5g

造型工具：

- 筷子………………………………1支

作法

【分割造型】

1 粉紅、綠色、白色麵團分別壓揉至光滑。

2 三色麵團稍微壓扁，分別擀成長14×寬10cm長方形。

3 每片麵皮抹少許沙拉油，依序粉紅、白、綠向上疊好。

4 粉紅麵皮朝上，再擀成長25×寬12cm。

5 四邊修齊，從短邊平均切4段。

6 筷子放在麵皮長邊中間，往下壓出一線。

7 雙手拉住麵皮兩端,再慢慢拉到長度30cm。

8 雙手反方向旋轉形成麻花捲,鬆弛3分鐘。

9 繞成蝸牛螺旋狀,依序完成另3個。

【發酵】

10 花捲麵團放在不沾紙,發酵30分鐘至原來1.6倍大。

【蒸熟】

11 待蒸籠鍋子水煮滾,花捲放在飯巾上方,上層鍋與鍋蓋間插入木筷子。

12 以大火蒸到產生蒸氣,轉中火續蒸17分鐘即關火,不開蓋燜2分鐘。

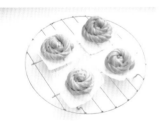

13 再慢慢平移鍋蓋,立即取出花捲放在涼架待涼。

陳老師叮嚀:

- 每種顏色麵皮抹少許沙拉油黏合,可讓蒸好的花捲紋路更有層次感。
- 三色麵皮堆疊順序可依喜好變化,也能加1色成為4色花捲。

粉紅玉米起司捲

份量
4個

材料

- 基本麵團（白） ⋯⋯⋯⋯⋯ 100g →P.31
- 火龍果麵團（粉紅） ⋯⋯⋯ 100g →P.42
- 起司片 ⋯⋯⋯⋯⋯⋯⋯⋯⋯ 2片（26g）
- 玉米粒 ⋯⋯⋯⋯⋯⋯⋯⋯⋯⋯⋯⋯⋯ 15g

陳老師叮嚀：

- 鋪餡料於麵皮時必須平均，才能避免捲出忽胖忽瘦的花捲。
- 可選購罐頭黃玉米粒，較甜美且容易熟軟。

作 法

【分割造型】

1 兩色麵團分別壓揉至光滑，再擀成長14×寬10cm長方形。

2 白麵皮抹少許水，疊上粉紅麵皮。

3 白麵皮朝上後擀成長25×寬12cm長方形，收口處擀薄。

4 依序鋪上起司片、玉米粒，接著由下往上捲緊成圓柱狀。

5 麵團兩端修齊後，切成4小段。

【發酵】

6 花捲麵團放在不沾紙，發酵30分鐘至原來1.6倍大。

【蒸熟】

7 待蒸籠鍋子水煮滾，花捲放在飯巾上方，上層鍋與鍋蓋間插入木筷子。

8 以大火蒸到產生蒸氣，轉中火續蒸17分鐘即關火，不開蓋燜2分鐘。

9 再慢慢平移鍋蓋，立即取出玉米起司花捲放在涼架，待涼。

13種麵團教你在家做出天然饅頭包子花捲

免記複雜配方、無人工色素安心吃，學會13種彩色麵團╳15種好吃餡料，
從揉麵、手法到蒸製，完整而專業的全面教學！

作　　　者	陳麒文	總　代　理	三友圖書有限公司
攝　　　影	蕭維剛	地　　　址	106台北市安和路2段213號4樓
特約主編	葉菁燕	電　　　話	(02) 2377-4155
編　　　輯	吳雅芳	傳　　　真	(02) 2377-4355
校　　　對	葉菁燕、藍勻廷	E－mail	service@sanyau.com.tw
	陳麒文	郵政劃撥	05844889 三友圖書有限公司
美術設計	劉錦堂、林榆婷		
		總　經　銷	大和書報圖書股份有限公司
發　行　人	程安琪	地　　　址	新北市新莊區五工五路2號
總　策　劃	程顯灝	電　　　話	(02) 8990-2588
總　編　輯	呂增娣	傳　　　真	(02) 2299-7900
資深編輯	吳雅芳		
編　　　輯	藍勻廷、黃子瑜	製版印刷	卡樂彩色製版印刷有限公司
	蔡玟俞		
美術主編	劉錦堂	初　　　版	2021年02月
美術編輯	陳玟諭	定　　　價	新台幣488元
行銷總監	呂增慧	I S B N	978-986-364-175-9（平裝）
資深行銷	吳孟蓉		
行銷企劃	鄧愉霖		
發　行　部	侯莉莉		
財　務　部	許麗娟、陳美齡		
印　　　務	許丁財		
出　版　者	橘子文化事業有限公司		

國家圖書館出版品預行編目(CIP)資料

13種麵團教你在家做出天然饅頭包子花捲：免
記複雜配方、無人工色素安心吃，學會13種彩
色麵團╳15種好吃餡料，從揉麵、手法到蒸
製，完整而專業的全面教學！／陳麒文作. -- 初
版. -- 臺北市：橘子文化事業有限公司, 2021.02

面；　公分

ISBN 978-986-364-175-9(平裝)

1.點心食譜　2.中國

427.16　　　　　　　　　　109021846

SAN YAU
http://www.ju-zi.com.tw

三友圖書
友直 友諒 友多聞

taku
IRONWARE

幸福由愛自己開始
分享、健康、美味 幸福心關係

樂享鍋 30cm 極輕量
樂於分享・幸福雙倍

雙耳拿取穩定度佳，減少湯汁傾斜溢出的風險
直徑30CM搭配上7.5CM的深度適合熬煮料理。
底部平整加上導熱均勻的優勢，不容易產生熟
度不均的狀況，也可減少多次翻面的繁瑣過程。

免費服務專線 0800-00-9485
taku-art.com

EXTRA
GRADE

牛老大

特級全脂奶粉 26% Butter Fat
特級即溶全脂奶粉 28% Butter Fat

100%來自紐西蘭單一乳源製造
讓您的食品流露濃濃自然奶香

牛老大
特級
全脂奶粉
WHOLE
MILK
POWDER
乳脂 26% Butter Fat

100% 紐西蘭單一乳源製造 風味絕佳

500g

牛老大
特級即溶
全脂奶粉
INSTANT
WHOLE
MILK
POWDER
乳脂 28% Butter Fat

100% 紐西蘭單一乳源製造 奶香十足的好夥伴

500g

100%使用嚴選紐西蘭純淨優質乳源,紐西蘭氣候四季分明
天候穩定環境零汙染,飼養之乳牛終年食用新鮮牧草,因此
產出的牛乳純淨美味香醇濃郁,倍受國際專業人士肯定。

牛老大特級即溶全脂奶粉,選用無受汙染的乳牛所生產的生
乳製作,製程中無添加任何防腐劑及人工香料,保留最天然
的乳香及營養,使用在烘焙及西點製作上,更能增添產品的
風味及香氣。

牛老大特級即溶全脂奶粉,使用紐西蘭食品安全管理局檢驗
合格之奶粉,給您百分百的安全品質保證。

萬記 原料安心 吃得最放心

另有25Kg袋裝
www.wanchee.com.tw
訂購請撥 02-28743363 傳真 02-287433

采鴻

純粹天然

天然色素的專家

品質源自於
40年來的堅持~

包裝方式: 15g/盒、45g/罐、120g/罐

鴻元生技
DAY SPRING BIOTECH CO.LTD.

since 1974

通過ISO22000 & HACCP 認證
通過Kosher & Halal等國際認證

紅麴
栀子紫
栀子綠
栀子藍
栀子紅
黃栀子
蘿蔔紅

*印刷圖片皆有色差,僅供參考。

餅乾小禮盒

10 類經典餅乾╳57 種甜蜜滋味╳禮盒包裝示範

作者：宋淑娟（Jane）／定價：380 元

最受歡迎的曲奇餅、奶油酥餅，歐陸經典布列塔尼、莎布蕾，以及孩子最愛的雪球與米餅乾。詳細步驟示範，事前準備與各步驟小提醒，加上禮盒包裝示範，烘焙新手也能做出好吃又好看的禮物餅乾。

小烤箱的低醣低碳甜點

餅乾╳派塔╳吐司╳蛋糕╳新手必備的第一本書

作者：陳裕智／攝影：楊志雄／定價：360 元

烘焙新手必備的低醣點心食譜，家用烤箱＋簡單的材料＋超仔細的步驟，讓你學會做無負擔的低醣點心，餅乾、蛋糕、鹹點蔥油餅等，跟著萬人社團團長——智姐，新手也能輕鬆上手。

100℃湯種麵包

超 Q 彈台式＋歐式、吐司、麵團、麵皮、餡料一次學會

作者：洪瑞隆／攝影：楊志雄／定價：360 元

湯種麵包再升級，從麵種、麵皮、餡料到台式、歐式、吐司各種風味變化，100℃湯種技法大解密！20 年經驗烘焙師傅傳授技巧，在家也可做出柔軟濕潤、口感 Q 彈的湯種麵包。

自己做天然果乾

用烤箱、氣炸鍋輕鬆做 59 種健康蔬果乾

作者：龍東姬／譯者：李靜宜／定價：350 元

健康零食 DIY！喜歡蘋果、葡萄柚、奇異果等酸甜果乾滋味，或是偏好馬鈴薯、牛蒡、豆腐、墨西哥薄餅等鹹食脆片，只要運用烤箱、氣炸鍋，就能在家輕鬆做出零負擔的美味蔬果乾！

烘焙餐桌

麵包機輕鬆做╳天然酵母麵包╳地中海健康料理

作者：金采泳／譯者：王品涵／審定：金昌碩
定價：420 元

用麵包機做天然酵母麵包，搭配清爽零負擔的地中海健康料理，只要按照步驟說明對照圖示，一步一步做，在家就可以享用道地的宴客菜。

手揉麵包，第一次做就成功！

基本吐司╳料理麵包╳雜糧養生╳傳統台式麵包

作者：鄭惠文、許正忠／攝影：楊志雄
定價：380 元

初學者一學就會的 50 款手揉麵包！直接法╳三大麵種╳綜合麵種運用，學會基本揉麵，備好簡易的烘焙工具，Step by Step，輕鬆做出美味的手作麵包！

地址： 　　　　縣/市　　　　鄉/鎮/市/區　　　　路/街

　　　　段　　　巷　　　弄　　　號　　　樓

廣　告　回　函
台北郵局登記證
台北廣字第2780號

三友圖書有限公司　收
SANYAU PUBLISHING CO., LTD.

106　　台北市安和路2段213號4樓

三友圖書
讀書俱樂部

親愛的讀者:

感謝您購買《13 種麵團教你在家做出天然饅頭包子花捲:免記複雜配方、無人工色素安心吃,學會 13 種彩色麵團╳15 種好吃館料,從揉麵、手法到蒸製,完整而專業的全面教學!》一書,為回饋您對本書的支持與愛護,只要填妥本回函,並於 2021 年 03 月 12 日前寄回本社(以郵戳為憑),參加抽獎活動即有機會獲得「【大古鑄鐵】樂炊鍋 (22cm)、樂享鍋 (30cm)、樂炒鍋 (28cm)」(各乙名,共 3 名)。

姓名＿＿＿＿＿＿＿＿＿＿＿＿＿ 出生年月日＿＿＿＿＿＿＿＿＿＿

電話＿＿＿＿＿＿＿＿＿＿＿ E-mail＿＿＿＿＿＿＿＿＿＿＿＿

通訊地址＿＿＿＿＿＿＿＿＿＿＿＿＿＿＿＿＿＿＿＿＿＿＿＿

臉書帳號＿＿＿＿＿＿＿＿＿＿＿＿＿＿＿＿＿＿＿＿＿＿＿＿

部落格名稱＿＿＿＿＿＿＿＿＿＿＿＿＿＿＿＿＿＿＿＿＿＿＿

1 年齡
□18歲以下 □19歲～25歲 □26歲～35歲 □36歲～45歲 □46歲～55歲
□56歲～65歲 □66歲～75歲 □76歲～85歲 □86歲以上

2 職業
□軍公教 □工 □商 □自由業 □服務業 □農林漁牧業 □家管 □學生
□其他＿＿＿＿＿

3 您從何處購得本書?
□博客來 □金石堂網書 □讀冊 □誠品網書 □其他＿＿＿＿＿
□實體書店＿＿＿＿＿

4 您從何處得知本書?
□博客來 □金石堂網書 □讀冊 □誠品網書 □其他＿＿＿＿
□實體書店＿＿＿＿＿ □FB四塊玉文創／橘子文化／食為天文創(三友圖書-微胖男女編輯社)
□好好刊(雙月刊) □朋友推薦 □廣播媒體

5 您購買本書的因素有哪些?(可複選)
□作者 □內容 □圖片 □版面編排 □其他＿＿＿＿＿

6 您覺得本書的封面設計如何?
□非常滿意 □滿意 □普通 □很差 □其他＿＿＿＿＿

7 非常感謝您購買此書,您還對哪些主題有興趣?(可複選)
□中西食譜 □點心烘焙 □飲品類 □旅遊 □養生保健 □瘦身美妝 □手作 □寵物
□商業理財 □心靈療癒 □小說 □繪本 □其他＿＿＿＿＿

8 您每個月的購書預算為多少金額?
□1,000元以下 □1,001～2,000元 □2,001～3,000元 □3,001～4,000元
□4,001～5,000元 □5,001元以上

9 若出版的書籍搭配贈品活動,您比較喜歡哪一類型的贈品?(可選2種)
□食品調味類 □鍋具類 □家電用品類 □書籍類 □生活用品類 □DIY手作類
□交通票券類 □展演活動票券類 □其他＿＿＿＿＿

10 您認為本書尚需改進之處?以及對我們的意見?
＿＿＿＿＿＿＿＿＿＿＿＿＿＿＿＿＿＿＿＿＿＿＿＿＿＿＿＿

感謝您的填寫,
您寶貴的建議是我們進步的動力!

本回函得獎名單公布相關資訊
得獎名單抽出日期:2021 年 3 月 18 日
得獎名單公布於:
四塊玉文創／橘子文化／食為天文創——三友圖書
微胖男女編輯社 https://www.facebook.com/comehomelife/